“十三五”国家重点出版物出版规划项目
全球海洋与极地治理研究丛书

基于卫星遥感技术的北极格陵兰自然与人文地理研究

RESEARCH ON PHYSICAL GEOGRAPHY AND HUMAN GEOGRAPHY OF ARCTIC GREENLAND BASED ON SATELLITE REMOTE SENSING TECHNOLOGY

程　晓　陈卓奇　王冰洁　主编

海洋出版社
2021年·北京

图书在版编目 (CIP) 数据

基于卫星遥感技术的北极格陵兰自然与人文地理研究 / 程晓，陈卓奇，王冰洁主编 . — 北京 : 海洋出版社，2020.11

ISBN 978-7-5210-0687-2

Ⅰ . ①基… Ⅱ . ①程… ②陈… ③王… Ⅲ . ①格陵兰岛—卫星遥感—应用—地理—研究 Ⅳ . ① P947.13

中国版本图书馆 CIP 数据核字 (2020) 第 229705 号

审图号：GS（2020）7373 号

基于卫星遥感技术的北极格陵兰自然与人文地理研究

JIYU WEIXING YAOGAN JISHU DE BEIJI GELINGLAN ZIRAN YU RENWEN DILI YANJIU

丛书策划：杨传霞
责任编辑：杨传霞　程净净
责任印制：赵麟苏

海洋出版社　出版发行
http://www.oceanpress.com.cn
北京市海淀区大慧寺路 8 号　邮编：100081
中煤（北京）印务有限公司印制　新华书店北京发行所经销
2020 年 11 月第 1 版　2021 年 3 月第 1 次印刷
开本：889mm × 1194mm　1 / 16　印张：5.25
字数：120 千字　定价：78.00 元
发行部：62132549　邮购部：68038093

前　言

格陵兰岛为世界上第一大岛屿，覆盖在格陵兰岛之上的格陵兰冰盖是世界第二大永久性冰盖。随着全球变暖，格陵兰冰盖在“北极放大效应”的作用下发生着剧烈变化，成为全球气候的重要指示因子，并将对全球气候产生重要反馈；同时，格陵兰升温也深刻地影响着岛屿居民的生活方式和社会产业结构布局，并引发世界各国对其在北极开发中的资源价值与战略意义的重视与关注。格陵兰正迎来前所未有的发展机会。

地图是认识区域地理环境最重要的手段，利用卫星遥感数据对格陵兰岛进行大规模制图，一方面能够实现对格陵兰地理要素的系统认识，从自然科学的角度加强对格陵兰环境变化状况的把控；另一方面也具有重要的社会意义，基于格陵兰的地理情势分析与社会发展规划，掌握格陵兰现阶段的环境及社会情况，有助于重新定义其在我国北极政策中的地位和价值，指导同格陵兰的合作布局。

本书利用 Landsat-8 卫星遥感数据，基于创新的遥感制图方法，研制了最新的格陵兰岛 30 m 高分辨率地图，提高了遥感制图效果，综合展示了格陵兰的地理情势状况，为格陵兰未来发展规划及可能的中格合作提供了资料支撑。具体研究内容和成果如下：

（1）针对多时相的 Landsat-8 数据，提出了一种基于分段函数的影像增强方法，提高了光学遥感影像应用于极地高反射率地表的制图质量，相较于格陵兰地区之前的遥感地图产品，既改善了图像的视觉质量，又在最大程度上实现了对地物纹理特征信息的保留与表达。

（2）经过地表反射率计算、非朗伯体调整和图像增强等关键技术，对 229 景 Landsat-8 影像进行了镶嵌，最终获得格陵兰岛 30 m 分辨率影像。详细展示了格陵兰地区峡湾、冰川等自然地理要素及城镇、居民聚居点等社会地理信息，是格陵兰地区目前最新、最全的地图。地图已赠送给格陵兰政府并得到广泛应用。

（3）基于格陵兰大尺度地图，从地理环境、资源分布、人口及教育情况，以及主要社会产业四个方面对格陵兰地理情势进行了系统分析。

（4）基于格陵兰地理情势，给出格陵兰未来因地制宜进行社会发展的有关建议；并结合我国的北极政策，探讨中格未来的重点合作方向。

本书的出版由国家重点研发计划课题“极地环境变化对我国极地安全影响研究”（课题编号：2019YFC1408203）和南方海洋科学与工程广东省实验室（珠海）创新团队建设项目（项目编号：311020007）资助支持，特致谢忱！

本书不足之处在所难免，望读者不吝批评指正。

编　者

2020 年 9 月

目　录

第1章　绪　论

1.1　研究背景与意义

北极是地球气候系统中的关键区域，进入21世纪以来，北极地区的环境与气候变化受到越来越广泛的关注。北极地区通常指北极圈以北的区域。在全球变暖的背景下，由于“北极放大效应”的存在，北极成为全球范围内对气候变化响应最剧烈的区域，北极气温以全球平均气温增速的2 ~ 3倍增长[1]。与此同时，海冰面积快速减少，冰厚缩减，冰盖加速消融，且这一趋势还在不断加剧[2-7]。北极的剧烈变化吸引世界目光，同时也给人类经济社会带来了重要影响。不同于南极地区的人迹罕至，北极区域居住了包括原住民在内的1 000多万人口，且由于北半球分布着世界上绝大多数的国家，北极地区的气候变化及环境变迁与人类社会生活的多个领域相互交融、休戚相关[8]。海冰的融化让北极航道的开通趋势日益明朗，油气及矿产资源开采的巨大潜力也进入人们的视野，所以对于世界各国而言，北极不再仅仅是地球的“极寒”之地，其价值也不仅仅集中在科学研究领域，而且更有巨大的政治和经济意义，是世界未来一个重要的经济增长高地。综合考虑北极地区对于全球范畴的重要意义和作用，世界各国纷纷对北极地区展开重点研究和关注。

在北极的陆地区域，除了亚洲、欧洲、北美洲三个大洲的延伸，还有一个被厚厚的冰层覆盖的岛屿——格陵兰。格陵兰作为世界上最大的岛屿，80%的面积处于北极圈以内，是世界上除了南极洲以外唯一的永久冰盖覆盖区，是受到气候变化影响的重要主体[9]。随着全球变暖，格陵兰冰盖开始融化，预计到21世纪末，将会造成海平面上升1 m，而一旦格陵兰的冰盖完全融化，将造成全球海平面上升6 ~ 7 m[10,11]；格陵兰地理位置优越，连接太平洋与大西洋，地处西北航道沿岸，具有巨大的地缘优势；蕴藏了丰富的石油与天然气资源，以及矿产资源，具备不容忽视的开发利用价值。但是，格陵兰的历史背景较为复杂。格陵兰自18世纪末开始成为丹麦的殖民地，经过了一系列曲折反复的斗争和协调过程，1953年摆脱了殖民国家的地位。1979年，在经过关于自治权的大规模公民投票后，格陵兰获得自治权并成立了自治政府。直到2009年，格陵兰迎来加速其独立化进程的又一次重要变革——自治权扩大，对教育、卫生、渔业等多个领域拥有主权和管辖权，且具备了对矿产资源、海空等事务的自主决定权，在内政上获得了独立状态，具备了实现独立建国的各方面要素[12-15]。格陵兰复杂的历史及政治背景，使得它在过去很长一段时间内多关注于内部事务，以及处理与丹麦之间的关系，少以独立的姿态呈现在国际社会面前，在北极国家中声音微弱、存在感低。这也造成在过去很多年里，世界各国对格陵兰的关注不足。

在最近10年中，我国持续深化与加强同北极地区的交流往来。2017年6月，我国加大对北极地区的关注力度，将“冰上丝绸之路”的建设规划纳入“一带一路”倡议的总体布局；2018年1月，《中国的北极政策》白皮书正式发布，白皮书全面介绍了中国参与北极事务的政策目标、基本原则和主要政策主张[16]。我国的“冰上丝绸之路”倡议与北极政策对开展北极圈内的全方位合作提出了更高的要求。随着格陵兰独立进程的加速和其在国际社会中地位的提升，以及其对于自身北极关键角色的认识日益深刻、北极政策和规划愈加清晰，我国应重视格陵兰于北极建设中的支点地位，从环境状况、人文地理等各个领域加强对格陵兰的研究与关注，从而为我国同格陵兰的合作打下基础，更好地服务我国的北极政策。

本研究利用卫星遥感图像对格陵兰全境进行高分辨率制图，对其自然地理状况及人文地理要素进行系统的展示，并基于地图开展自然地理与人文地理层面的情势分析，以加深我们对格陵兰地区的全面了解，能够为我国落实北极政策、贯彻“冰上丝绸之路”倡议提供资料支持。

1.2 国内外研究进展

1.2.1 格陵兰地区研究进展

现阶段对于格陵兰的关注多集中在自然科学领域，研究格陵兰在全球变暖背景下的冰盖物质变化，以及其冰盖消融等自然地理条件的改变对于全球环境的重要影响。20世纪90年代，Krabill等利用机载高度计的测量结果，揭示了格陵兰冰盖边缘开始变薄这一重要现象[17]，此后，极地科学家开始逐渐加强针对格陵兰区域的环境变化研究。其中，2008年，Hanna等对格陵兰冰盖表面融化与全球变暖之间的关系进行了探究[18]；Rignot等对格陵兰冰盖1958—2007年的物质平衡进行了估算[19]；Mernild等模拟了格陵兰冰盖1960—2010年间表面融化的状况[20]；Hu等研究了格陵兰冰川融化对海洋环流、海平面，以及全球气候环境的影响[21,22]。对于格陵兰冰盖变化剧烈的区域，科学家们也展开了针对性的关注，例如，Herzfeld等对格陵兰雅各布港冰川的位置变化及动力过程进行研究[23,24]，Smith等着重分析了格陵兰冰盖西南部区域表面融池和水系的分布情况[25]等。而随着我国极地事业的发展和对极地环境变化研究的重视，近些年来国内科学家对于格陵兰的相关研究也不断增多，成为国际北极研究的重要力量：冯贵平等结合GRACE卫星重力计数据产品估计了格陵兰岛冰盖质量变化的区域分布[26]；王星东等利用我国的FY-3卫星散射计及模型进行了格陵兰冰盖的冻融分析[9, 27]；张淼等利用散射计数据，对格陵兰冰盖融化范围、开始及结束时间进行了详细的研究[28]；马跃等利用GLAS激光测高仪数据对格陵兰冰盖2 000 m以上地区高程的变化及趋势进行了计算[29]。卫星遥感技术在格陵兰地区大规模、长时间尺度的系统性观测中发挥着不可替代的作用，可见光传感器[30, 31]、微波传感器[9, 28, 32]、雷达高度计[33]、激光高度计[23, 29, 34, 35]、重力计[6, 26]等相互弥补与配合，帮助我们对格陵兰地区的自然状况形成更详尽与全面的认识。

与此同时，随着北极地区变暖的加剧，其自然环境状况的改变越来越多地与政治、经济等领域联系起来，格陵兰地区凭借丰富的资源、重要的地理位置等因素在各国北极政策中的重要性也日益凸显。国内学者也开展对格陵兰自然地理及人文地理多个领域的初步探究，研究内容涉及矿产资源及油气资源的分布情况[36–38]、格陵兰的政治历史状况[14, 39–41]、地理，以及环境变化下原住民的生活[42]等各个方面。

1.2.2 遥感影像制图研究进展

地图是了解自然地理状况、人类活动及城市变迁的主要途径与方式，伴随着地理信息及卫星遥感技术的变革、创新和发展，利用高精度的遥感数据来实现大规模的地图制作逐渐成为可能。相较于传统制图采用点线面要素的重建来实现地物信息表达的方式，卫星遥感制图方法能够直接记录地表特征，最大程度上保证了对地物的精细化重现，尤其是由于遥感图像具有空间分辨率高的突出优势，能够较好地保证对地物细节的表达精度[43]；且由于卫星影像的获得不受地理位置的限制，有利于对人类难以实地获取的地理信息开展远距离捕捉；此外，卫星遥感观测面积广大，能够低成本地实现对广阔区域的制图。

自 20 世纪 90 年代以来，利用遥感影像进行地表制图得到国际社会的广泛关注。1994—2010 年期间，欧盟及美国利用不同尺度的多种遥感数据，得到 6 套全球地表覆盖产品，以服务于全球范围内的地物要素研究[44–49]；1994 年，LCAM（Land Cover Assessment and Monitoring）项目在联合国的规划下正式开启，旨在基于雷达影像，实现对以东南亚地区为重点的全球土地状况进行探测、模拟与评价分析[50]；2000 年，Rosenqvist 等利用日本 JERS–1 卫星的 SAR 数据进行了全球范围内雨林的制图[51]；2013 年与 2014 年，Townshend 与 Hansen 团队分别利用 Landsat 遥感影像进行了全球森林覆盖产品的制作，并得到了广泛的应用[52, 53]。国内科学家也在大规模遥感影像制图领域取得了众多成果，并将这些成果应用于科学研究以及社会生活的多个方面。例如，在城市规划方面，2006 年，廖克等基于俄罗斯和法国的 KOCMOC 卫星及 SPOT–5 卫星数据，编制得到北京市昌平区 1986—2004 年间的三期土地覆盖与利用图，能够用来为北京市未来的城市开发及功能布局提供资料支撑[54]；在环境变化研究领域，2012 年，宫鹏等利用大约 9 000 景 Landsat 影像，制作出了第一幅 30 m 分辨率的全球土地覆盖图，并以此为基础，在 2019 年进一步开发出了第一套 10 m 分辨率的土地覆盖产品[55, 56]。除此以外，傅肃性等也积极展开了遥感制图方法的探索，出版了相关地图集[57, 58]。

极地地区自然条件恶劣，通过实地观测或者定点观察的方法很难实现对极地地貌的全方位了解，而遥感技术在极地的应用，使得人类对极地的大规模研究成为可能。1987 年，世界上第一幅针对南极洲的地图制作完成，虽然分辨率仅为 1 km，但已经是极地制图领域里程碑式的突破[59]；2004 年，Bindschadler 等利用 Landsat-7 卫星遥感数据图像，制作出了第一幅完整覆盖南极洲的高分辨率真彩色影像[30]；2005 年，Nishio 等利用 AMSR-E 数据，对极地海冰的覆盖范围进行了观测制图，帮助我们加强了对极地海冰变化规律的了解[60]；2012 年，惠凤鸣等利用 1 000 多景 ETM+ 数据制作出南极洲 15 m 分辨率的地图，更新了南极洲地图资料[61]；还有 Walker 等针对北极的植被分布进行了制图，对于北极生态研究具有重大意义[62]。而在格陵兰地区，2014 年，依托于格陵兰冰雪测绘项目（Greenland Ice Mapping Project, GIMP），Howat 等基于 1999—2002 年间的 Landsat-7 数据，以部分 Radarsat-1 数据作为补充，发布了全球首幅格陵兰的遥感影像图，为格陵兰地区的科学研究提供支持，这幅图是迄今为止关于格陵兰最新、最全面的地图资料[63]。

由于格陵兰的环境变化剧烈，为了更好地了解格陵兰岛地理环境变化，需要依赖于更新的地理资料；且由于格陵兰在当今世界政治、经济领域的重要地位，除了自然地理情况，增加对其人文地理要素的了解也同等重要。本研究创新性地实现自然科学和社会科学的结合，基于新的制图方法，对格陵兰地区的自然地理及人文地理情势资料进行更新，并以此为基础，给出关于格陵兰的发展建议，结合我国的北极政策对中格双方未来的合作发展方向进行了探讨。

1.3 研究目标与内容

本研究利用 Landsat-8 卫星遥感图像进行格陵兰地区的大规模制图，通过对数据、方法的改进实现对格陵兰地区地图产品的更新，全面展示格陵兰的自然地理要素以及人文地理要素，为进一步认识格陵兰地区提供资料支撑，并紧紧围绕我国的“冰上丝绸之路”倡议以及北极政策，提供基于格陵兰地理情势的发展建议，服务于中格合作。具体的研究内容包含以下三个方面。

（1）格陵兰遥感制图方法与结果

本部分从数据来源与特点、制图方法、结果分析、制图效果评价等几个部分展开论述。主要实现两个方面的目标：第一，提出一个针对 Landsat-8 影像的图像增强方法，实现从图像反射率到 RGB 值之间的转化，提高利用可见光影像进行极地遥感制图的效果；第二，制作出具有高空间分辨率的格陵兰最新遥感全图，对格陵兰地理要素进行尽可能全面的展示。

（2）格陵兰地理情势分析

基于遥感制图结果，对格陵兰自然地理要素以及人文地理要素进行分析，系统地论述了格陵兰的地理情势状况。

（3）提出发展建议

以学科间的共性为支点，秉承不同学科间融合交叉的理念，将自然科学的研究成果应用于社会科学领域。基于对格陵兰地理情势的充分认识，给出针对格陵兰地区的发展建议，并结合我国“冰上丝绸之路”倡议及北极政策，分析格陵兰对于我国的意义，探讨中格未来的重点合作方向。

1.4 本章小结

本章对本书的研究背景与意义进行了系统阐述，从格陵兰地区的自然地理价值、经济社会价值等方面展开论述，并强调了其对于我国北极政策越来越重要的意义；介绍了国内外对格陵兰地区自然及人文地理方面的研究进展、遥感制图的发展状况，以及遥感制图技术在极地地区的应用情况；最后对本书的关注领域与研究重点进行了系统阐述与介绍。

第 2 章　格陵兰全境高分辨率遥感制图

2.1　数据介绍

2.1.1　Landsat 系列卫星及数据介绍

20 世纪 60 年代，美国基于其在卫星遥感领域取得的巨大成功，雄心勃勃地推出了 Landsat 陆地卫星观测计划。1972 年，伴随着 Landsat-1 的发射，陆地卫星观测计划正式启动，在此后的 40 多年中，Landsat 系列共计发布了 8 颗卫星，其中，Landsat-5 于 1984 年发射，在之后长达 28 年零 10 个月的时间里持续提供高质量的地表观测数据，由其创造的“运行时间最长的地球观测卫星”吉尼斯世界纪录保持至今；1993 年发射的 Landsat-6 是目前陆地观测计划中唯一发射失败的卫星。

Landsat-8 是 Landsat 系列的最新卫星（Landsat-9 原计划于 2020 年 12 月发射），是对 Landsat-7 的延续，发射于 2013 年 2 月 11 日。Landsat-8 为太阳同步轨道，轨道高度为 705 km，倾角为 98.2°，环绕地球一周需要 1 h 38.9 min，重访周期为 16 d。Landsat-8 固定以地方时 10：11 a.m. (± 15 min) 穿越赤道。

Landsat-8 卫星携带两个推扫式传感器，分别为陆地成像仪（Operational Land Imager, OLI）和热红外传感器（Thermal Infrared Sensor, TIRS），在实际运行中，两传感器共同收集数据，实现对地物的同时成像。相较于 Landsat 系列之前的卫星所携带的传感器，两个传感器的信噪比均有所提升，辐射分辨率是 12 bit（对应灰度范围为 0 ~ 4 095），并量化成 16 bit 的数据产品进行发布。Landsat-8 改进的信噪比性能能够更好地描述地表状况。

Landsat-8 OLI 传感器幅宽为 190 km，与 Landsat-7 ETM+ 传感器相比，OLI 传感器的性能有所增强。OLI 在 9 个短波光谱波段成像，波段的设置更有效地避免了大气吸收较强的波谱范围，例如，OLI 的波段 5 将波段范围定为 0.845 ~ 0.885 μm，避开了水蒸气在 Landsat-7 波段 4——近红外波段（0.775 ~ 0.900 μm）0.825 μm 处的强吸收；而波段 8——全色波段（0.500 ~ 0.680 μm），和 ETM+ 传感器相比也设置了更为狭窄的电磁波覆盖宽度，在应用其进行地物观测的过程中能够凭借对植被和裸露土壤之间对比度的扩大而实现更精确的识别。除了这些改进，OLI 还增加了两个波段，分别是针对水资源和海岸带设计的第 1 波段（0.433 ~ 0.453 μm），以及对大气中卷云较为敏感的波段 9（1.360 ~ 1.390 μm）。

TIRS 传感器的空间分辨率为 100 m，是当前世界上性能最好的热红外传感器，使用量子阱红外探测器（Quantum Well Infrared Photodetectors，QWIPs）来测量地球表面发射的长波热红外辐射（TIR）。TIRS传感器在设计时的预期运行寿命为3年，两个热红外波段（波段10：10.60 ~ 11.19 μm；波段11：11.50 ~ 12.51 μm）可用于对地表水分消耗的精密监测，并具有明显的优越性。表2.1展示了Landsat-8各个波段的具体信息。

表2.1 Landsat-8各波段信息

	波段名称	波段范围 / μm	空间分辨率 / m
可见光波段	波段1—海岸波段	0.433 ~ 0.453	30
	波段2—蓝波段	0.450 ~ 0.515	
	波段3—绿波段	0.525 ~ 0.600	
	波段4—红波段	0.630 ~ 0.680	
	波段5—近红外波段	0.845 ~ 0.885	
	波段6—短波红外波段1	1.560 ~ 1.651	
	波段7—短波红外波段2	2.100 ~ 2.300	
	波段9—卷云波段	1.360 ~ 1.390	
全色波段	波段8—全色波段	0.500 ~ 0.680	15
热红外波段	波段10—热红外波段1	10.60 ~ 11.19	100
	波段11—热红外波段2	11.50 ~ 12.51	

Landsat数据可在美国地质调查局官网（USGS, http://glovis.usgs.gov/）免费下载，在进行遥感数据产品的应用之前，为避免传感器本身的辐射响应或者几何位置的改变对数据造成的干扰，需要预先进行辐射校正及几何校正等一系列处理流程。美国地质调查局按照对数据的预处理程度发布了各个级别的数据产品，将完全没有经过任何处理、由传感器直接传回地面的数据按照一定的物理标准进行切割得到L0级数据。在L0级数据的基础上，对数据进行进一步处理，可得到L1级数据，其中，L1GS数据产品仅仅根据航天器星历数据进行了校正；L1GT数据产品同时利用航天器星历数据和DEM数据进行了辐射校正和系统几何校正；而L1TP数据产品的辐射定标和系统校正基于地面控制点和数字高程模型，这也是质量最高的L1级数据产品，可以进行像素级别的分析。

2.1.2 MODIS数据介绍

为了实现对地球物理环境状况进行全面监测与综合研究的目标，美国于1999年以Terra卫星的成功发射开启了其地球观测系统计划（Earth Observation System, EOS）；2002年，Aqua卫星也发射成功，开始了与Terra卫星的协同工作。Terra卫星于每天上午的地方时10：30从北向南穿过赤道，Aqua卫星在地方时13：30自南向北穿过赤道。Terra与Aqua卫星均为近极地太阳同步轨道，轨高705 km，两星相互补充配合，从而保证了每1 ~ 2 d可以实现对地表的完整重复观测。

MODIS是Terra卫星与Aqua卫星所搭载的传感器，全称为中等分辨率成像光谱仪（Moderate-Resolution Imaging Spectroradiometer），幅宽2 330 km，辐射分辨率为12 bit，是当前世界上应用最成功的光学传感器之一。MODIS传感器有相对丰富的波段数目，实现了0.4 ~ 14.4 μm的36个电磁波通道的离散覆盖，可以满足从可见光到热红外的观测需求。并且对应于不同的电磁波波段，MODIS 传感器分别设置了 1 000 m、500 m 和 250 m 三种精度层级。由于 MODIS 数据具有波谱范围广、时间分辨率高等突出优势，非常适用于极地观测研究。表 2.2 展示了 MODIS 传感器的 36 个波段的相关信息。

表 2.2 MODIS各波段信息

波段	波段范围	信噪比	波段名称	空间分辨率 / m
1	620 ~ 670 nm	128		250
2	841 ~ 876 nm	201	陆地 / 云特性	500
3	459 ~ 479 nm	243		
4	545 ~ 565 nm	228		
5	1 230 ~ 1 250 nm	74		
6	1 628 ~ 1 652 nm	275		
7	2 105 ~ 2 155 nm	110		
8	405 ~ 420 nm	880	海洋颜色 / 浮游植物 / 生物地理 / 化学	1 000
9	438 ~ 448 nm	838		
10	483 ~ 493 nm	802		
11	526 ~ 536 nm	754		
12	546 ~ 556 nm	750		
13	662 ~ 672 nm	910		
14	673 ~ 683 nm	1 087		
15	743 ~ 753 nm	586		
16	862 ~ 877 nm	516		
17	890 ~ 920 nm	167	大气水蒸气	
18	931 ~ 941 nm	57		
19	915 ~ 965 nm	250		
20	3.660 ~ 3.840 μm	0.05	地表 / 云温度	
21	3.929 ~ 3.989 μm	2		
22	3.929 ~ 3.989 μm	0.07		
23	4.020 ~ 4.080 μm	0.07		
24	4.433 ~ 4.498 μm	0.25	大气温度	
25	4.482 ~ 4.549 μm	0.25		
26	1 360 ~ 1 390 μm	150	卷云	
27	6.535 ~ 6.895 μm	0.25	水蒸气	
28	7.175 ~ 7.475 μm	0.25		
29	8.400 ~ 8.700 μm	0.25		
30	9.580 ~ 9.880 μm	0.25		
31	10.780 ~ 11.280 μm	0.05	臭氧	
32	11.770 ~ 12.270 μm	0.05	地表 / 云温度	
33	13.185 ~ 13.485 μm	0.25		
34	13.485 ~ 13.785 μm	0.25	云顶高度	
35	13.785 ~ 14.085 μm	0.25		
36	14.085 ~ 14.385 μm	0.35		

2.2　冰雪光谱特征

冰雪是格陵兰冰盖的主要地物，其光谱反射特征也有独特的表现。积雪的反射率受到波长、天顶角、雪粒径等因素的影响，但总体来说，其在可见光区域的吸收能力很弱，反射率较高，一般在 0.46 μm 处达到反射的峰值，而在近红外波段，由于对电磁波的更强烈的吸收特性，反射率有明显的降低。通常来说，雪的反射率在可见光范围内可以达到 0.7 以上，而对于新雪而言，有时甚至能够达到 0.95[64–66]。冰雪的高反射率是区别于其他地物的最重要依据。

在 OLI 传感器中，波段 2(0.450 ～ 0.515 μm)、波段 3(0.525 ～ 0.600 μm)、波段 4(0.630 ～ 0.680 μm) 分别对应蓝光、绿光和红光波段，冰雪在这几个波段范围内均体现出较高的反射率，而波段 5（0.845 ～ 0.885 μm）是近红外波段，冰雪的反射率开始下降。本研究中遥感图像的制作基于 Landsat-8 OLI 影像的波段 2、波段 3、波段 4。图 2.1 展示了冰雪对应于不同波长电磁波的反射特征。

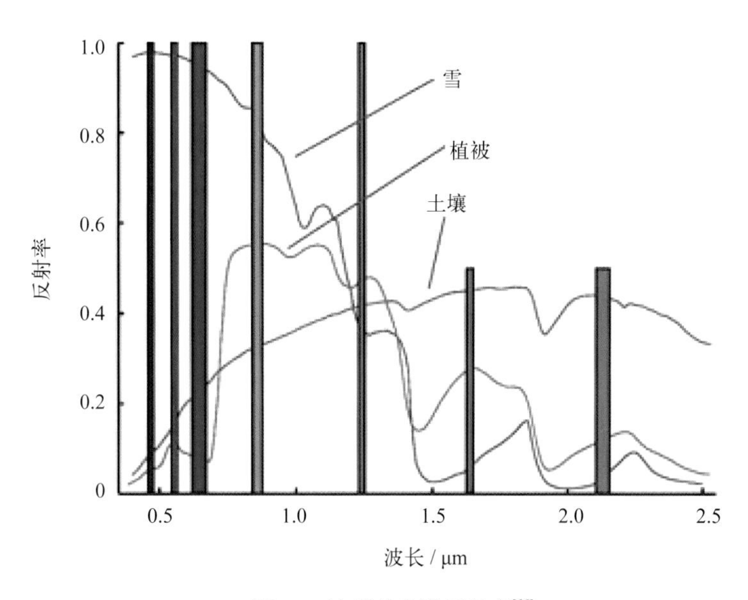

图2.1　冰雪的光谱反射率[66]

2.3　研究方法

2.3.1　数据选取

目前认为 30 m 数据产品可以最好地实现对地物表面的描述，一方面，此级别的精度能够实现对地表较为精确的分析；另一方面，在大规模的遥感制图过程中，能够实现精度和数据处理量之间的平衡。本研究主要基于 Landsat-8 L1TP 级数据产品，进行格陵兰地区大规模制图。之所以选择 Landsat-8 数据，主要有以下两点考虑：一方面，OLI 传感器的辐射分辨率为 16 bit，在实现对地物光谱的高精度识别方面具有较强的优越性，在探测冰雪地物时不会发生辐射饱和的现象，从而有助于保留完整的地表信息；另一方面，Landsat-8 L1 级数据产品已经完成了对数据的几何校正及辐射校正，具备较高的产品质量。

本研究选取 2014—2015 年期间共计 229 景 Landsat-8 影像进行格陵兰地区的全图制作。在数据选取过程中遵循三点原则：第一，需要选择受云覆盖最小的遥感影像；第二，由于冰雪表面在太阳高度角较小的时候会产生大量的前向散射，为了避免太阳高度角对影像拼接效果的影响，本研究使用 6—8 月的数据，在这个时间段内太阳高度角较高；第三，在数据选择的过程中秉承着各景影像间最小重叠的原则。图 2.2 中以圆点的形式展示了本研究中所选择的 Landsat 影像的位置分布情况。

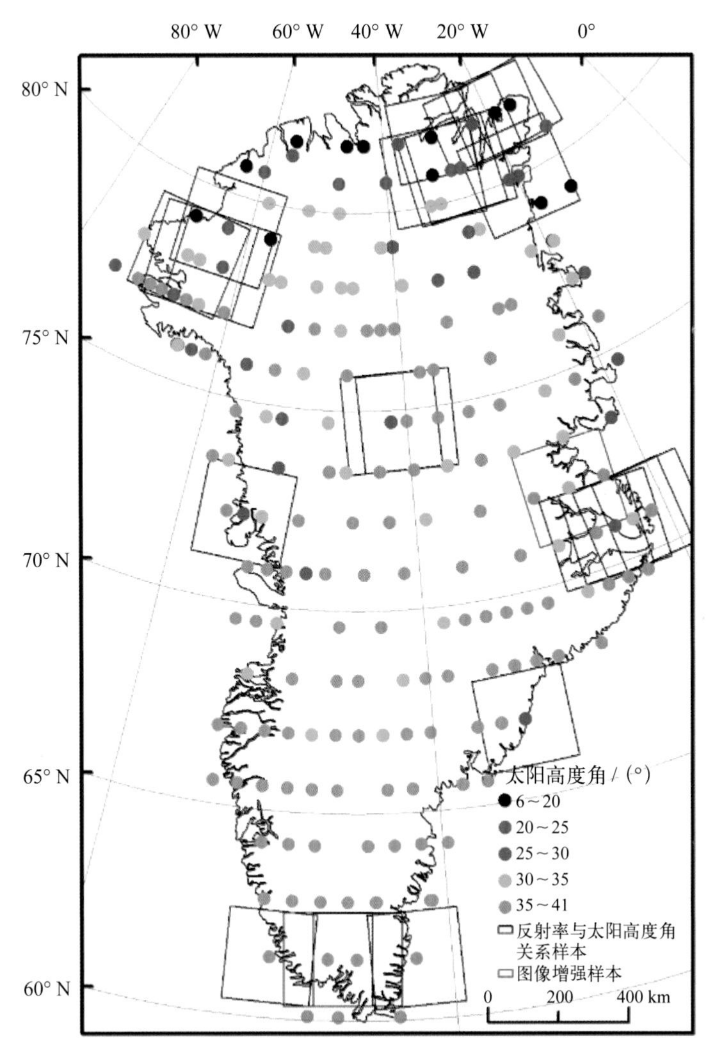

图2.2　研究所选遥感影像分布

由于 82.5°N 以北的格陵兰岛边缘区缺乏 Landsat-8 数据的覆盖，本研究选取了 2014 年夏季的部分 MODIS 影像作为补充。

2.3.2　地表反射率计算

卫星传感器在实际应用中通过将电信号转化为数字信号（Digital Number，DN）来记录地表反射的电磁波辐射亮度。对于所有的传感器，均有其能够记录的辐射亮度上限，当传感器入瞳处接收到的辐亮度超过其能够识别的最大值，就会被统一以最大的 DN 值记录下来，此时像元出现饱和溢出。在进行遥感图像处理时，需要重新将 DN 值转化为辐亮度，若图像中存在饱和像元，也会被转化为最大 DN 值对应的辐亮度，从而丢失高反射率地物的辐射信息。

冰雪地物在可见光领域具有比较高的反射特征，饱和像元经常出现在 Landsat 的 TM 和 ETM+ 影像中。因此，在应用 Landsat 的 TM 和 ETM+ 影像时必须先经过饱和像元的 DN 值溢出调整，以获得完整和正确的辐亮度[30, 61]。Landsat-8 OLI 传感器的辐射分辨率为 12 bit, 在进行 L1T 级别的图像存储时，量化为 16 bit，相较于之前 TM 和 ETM+ 传感器，所能识别的最大辐亮度阈值明显提高。为了检验 Landsat-8 影像中的 DN 值饱和溢出，研究随机选取了 26 景 Landsat-8 影像（图 2.2 中灰框内影像），针对冰雪地物，分别对波段 2、波段 3、波段 4 进行 DN 值分布的检验。

在遥感影像 DN 值分布直方图中，峰值反映主要的地物类型，通常每个峰值均对应一种地物，图 2.3 展示了本研究所选取的 26 景样本影像中 DN 值与太阳高度角的关系。对于每一景影像，波段 2 具有最大的 DN 值，而且各波段 DN 值的分布与太阳高度角之间呈现出明显的相关性：太阳高度角越大，对应的 DN 值也更高。同时，根据图 2.3 显示，研究随机选取的样本影像中均没有出现 DN 值的饱和溢出现象，因此无需对 Landsat-8 遥感影像进行饱和像元处理。

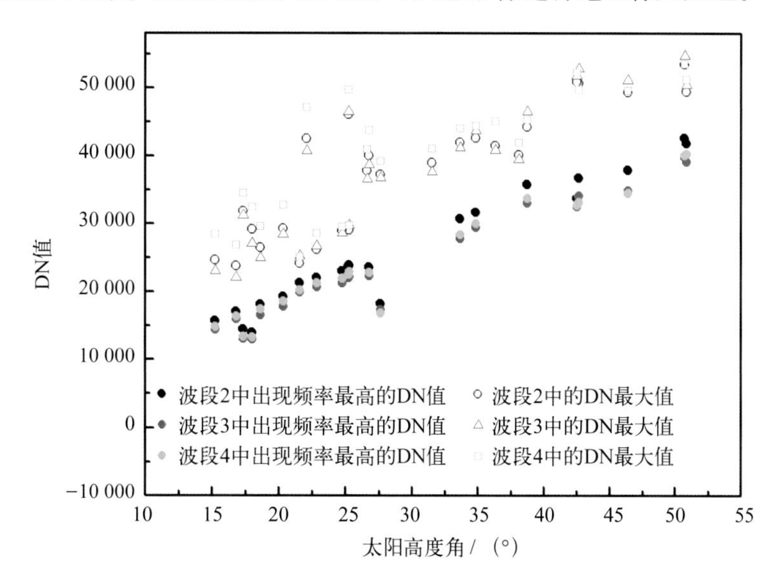

图2.3　26景样本影像中DN值与太阳高度角的关系

在保证了图像中没有溢出像元之后，需进行影像中像元 DN 值向入瞳处的光谱反射率的转化，转化基于公式（2-1）：

$$\rho_{\lambda} = (M_{\lambda} \times DN + A_{\lambda} \times \sin\theta) \qquad (2\text{-}1)$$

式中，ρ_λ 是各个波段的行星光谱反射率，DN 对应了每一个像元的 DN 值，M_λ 和 A_λ 分别是各个波段对应的增益和偏移，这两个数据指标可以直接从 Landsat OLI 影像的元数据库中获得。θ 为每一个像元对应的太阳高度角，可以根据公式（2–2）计算：

$$\sin\theta = \cos\omega \times \cos\delta \times \cos\phi + \sin\delta \times \sin\phi \quad (2\text{–}2)$$

式中，ω 是地方时（时角），δ 是太阳赤纬，ϕ 是当地纬度。由于在北极地区大气中水汽和气溶胶的含量非常低，地物的行星光谱反射率可以近似等于地表反射率。

根据公式（2–1）进行 DN 值向地表反射率的转化，是基于地物为朗伯体的假设。但由于冰雪为非朗伯体，不具备完全漫反射的特性，在太阳高度角较低的区域内，由于前向散射增加，使得传感器观测到的反射率通常被低估[67, 68]，因此，为了获得准确可靠的地表辐射亮度信息，还需要去除非朗伯体的影响。本研究采用 Bindschadler 等提出的非朗伯体调整方法来修正非朗伯效应引起的表面反射率偏差[30]，先基于样本图像进行行星反射率和太阳高度角之间关系的拟合，然后根据标准反射率求得其同拟合而来的曲线之间的比值[67]，即能够得到用于去除非朗伯体影响的调整因子（图 2.4）。将调整因子应用于格陵兰地区所有影像中，得到格陵兰岛全境经过非朗伯体调整之后的反射率。

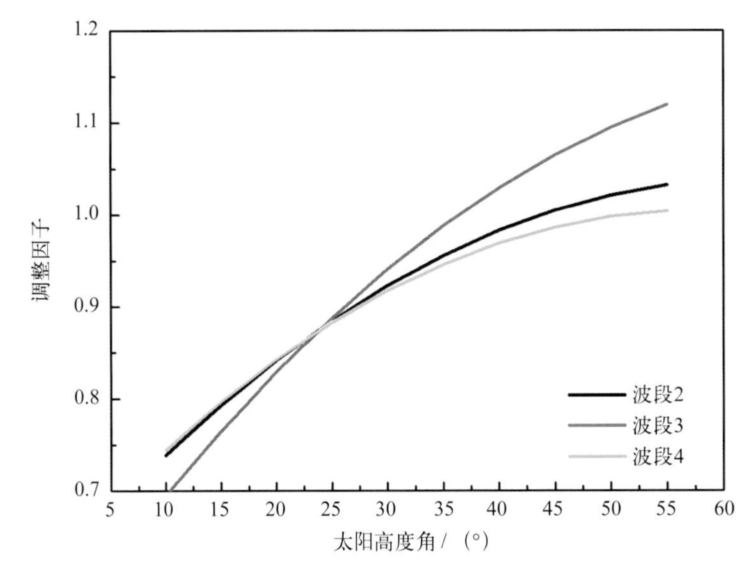

图2.4　各波段太阳高度角与非朗伯体调整因子关系

2.3.3　图像融合与增强

所有的卫星遥感图像均可以将红绿蓝波段的表面反射率通过彩色转化的方式显示为数字图像，实现对地物内容的直观展示。格陵兰地区存在冰雪和裸地两种典型地物，冰雪反射率高而岩石的反射率较低，使得格陵兰遥感影像的地表反射率分布直方图表现为高反射率区域存在一个高而陡峭的峰值对应冰雪像元，低反射率区域存在另外一个峰值对应岩石像元。在本研究中，首先基于 ENVI 软件，选择一景包含北极典型地物类型的样本图像，进行手动增强，调整得到满意的 RGB 图像；基于调整后的影像，通过拟合原始样本图像的反射率与手动增强后的 RGB 图像之间的关系，寻找反射率到 RGB 值的转换函数；最后，将经过拟合获得的函数应用于格陵兰区域其他的遥感影像中，进行格陵兰全境原始图像向 RGB 彩色图像的转化。

研究所选择的样本位于图 2.2 中红框处，此样本包括雪、水、岩石等多个典型要素。图 2.5 中 a 为对原始图像中的波段 2、波段 3、波段 4 基于线性函数映射关系转化而来的 RGB 彩色图像。由图像可以看出，基于线性函数将原始影像的反射率值转化为 RGB 值，整体色调暗淡，且无法同时很好地显示岩石和积雪的表面特征，图 2.5 中 b 为通过手动增强的方式调整而来的 RGB 彩色图像结果，视觉效果明显更优。

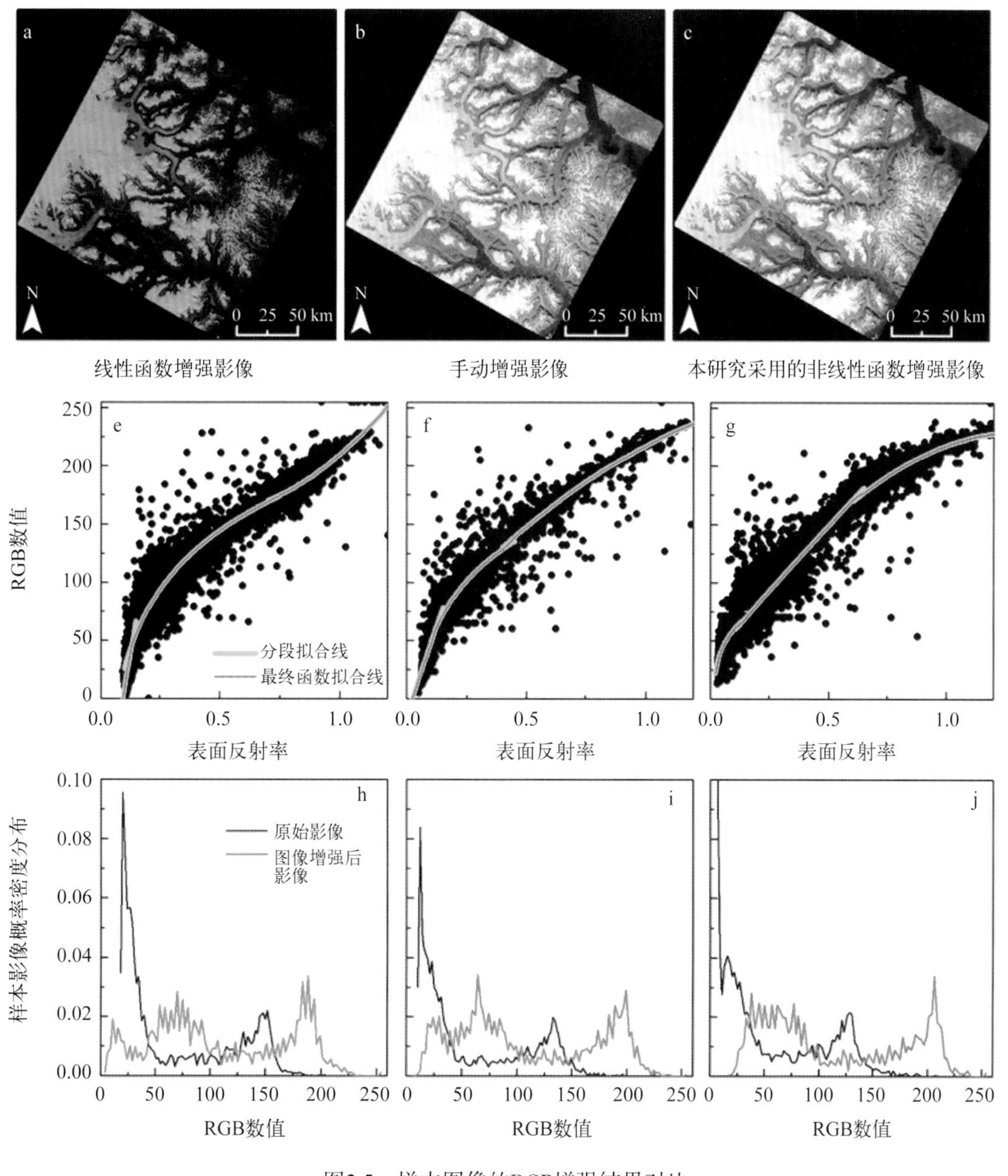

图2.5　样本图像的RGB增强结果对比

为了寻找原始样本图像与手动增强后 RGB 彩色图像之间的拟合关系，本研究分别使用不同函数进行了尝试。图 2.6 分别展示了采用线性函数、对数函数，以及多项式函数拟合表面反射率与 RGB 值之间映射关系的结果，由图可见，采用单一的函数进行图像之间的转化是不成功的。例如，当表面反射率大于 1 时，采用线性函数会造成 RGB 值的高估，当表面反射率较低时，线性函数又会造成 RGB 值的低估，同样，采用对数和多项式函数也无法很好地拟合原始图像与 RGB 图像之间的关系。在早前的研究中，Bindschadler 曾经使用分段函数进行南极的大规模制图 [30]，故本研究也考虑采用分段函数，用来进行表面反射率到 RGB 图像之间的转化。

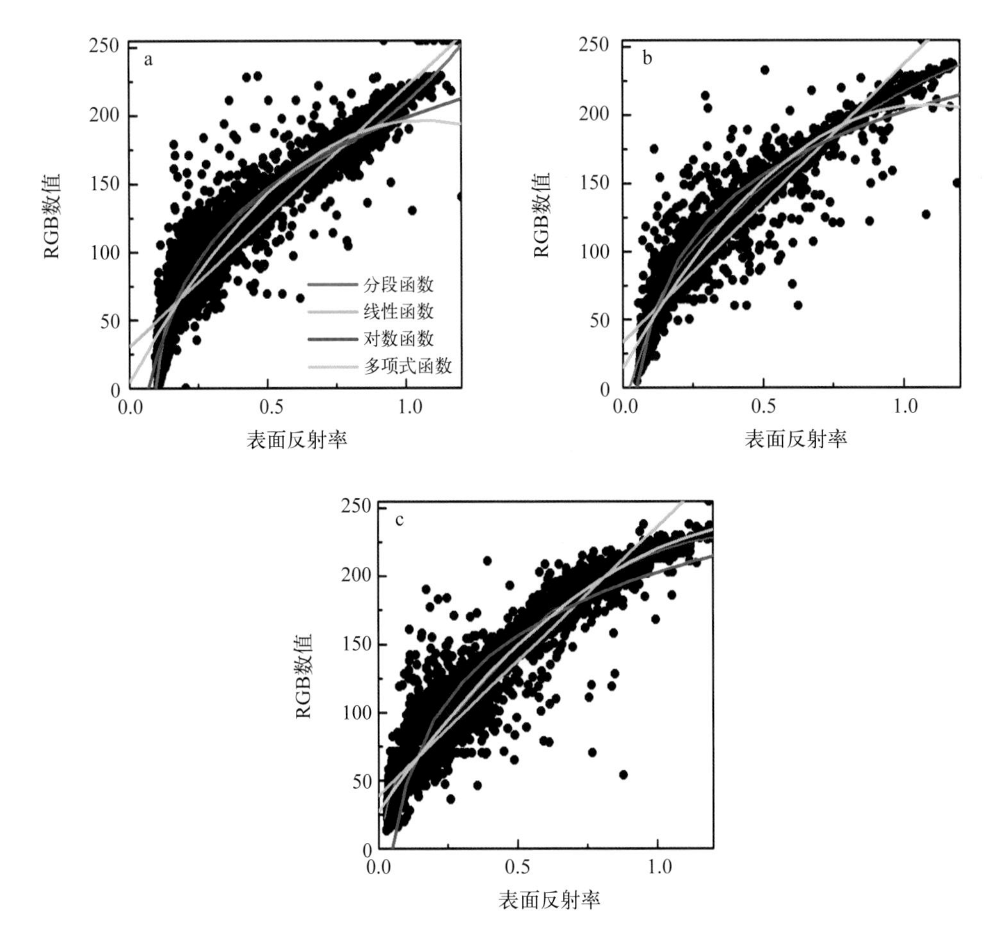

图2.6 不同函数对于原始图像与RGB图像之间转化关系的拟合情况

研究中分段函数的拟合方法为最小二乘法，在低、中、高反射率区间各对应一个子函数，具体函数及各函数的拟合优度判定系数列于表 2.3 之中。此外，为了最大程度保证分段处的平滑性，每两个相邻子函数设定了一个反射率的重叠区间，重叠区间对应的 RGB 值由公式 (2–3)、公式 (2–4) 加权平均得出：

$$G_i = w_i \times G_{i,1} + (1-w_i) \times G_{i,2} \qquad (2\text{–}3)$$

$$w_i = d_i / d \qquad (2\text{–}4)$$

式中，G 是由分段函数的相邻两个子函数加权后得到的 RGB 值，G_1、G_2 分别对应两个相邻子函数各自计算的 RGB 值，w 是求 RGB 值时两个子函数各自对应的权重，d 是整个重叠区间，d_i 是从区间的下边界到区间中第 i 个点的距离。图 2.5 展示了各个波段进行表面反射率与 RGB 数值拟合的过程，绿色曲线及红色曲线分别对应根据散点图得到的初步与最终的拟合函数曲线。

相较于 Bindschadler 的研究中进行图像转化时所用到的分段函数，本研究所拟合得到的分段函数有了一定的改进和提高，主要体现在三个方面：首先，在 Bindschadler 的研究中，每一个子函数均是线性函数，而根据图 2.6 所显示的实验结果，使用线性函数进行图像映射，在高、低反射率区域分别会出现对 RGB 值的高估和低估，很难准确地实现图像转化，为了获取更好的图像效果，本研究中的分段函数是一段线性函数与两段非线性函数的拼接；其次，本研究所采用的方法考虑了分段函数中相邻两个子函数的重叠区间，从而能够保证在重叠区域的光滑性和连续性；再次，本研究的研究过程为，先选取样本图像，对其进行了手动的 RGB 增强转化，然后基于原始样本图像及转化后的结果拟合出具体的函数公式，而 Bindschadler 所采用的函数是由经验确定的，精准性和适用性较差。

表2.3　各个波段表面反射率与RGB之间的映射函数

波段	分段函数	反射率区间	R^2
波段 2	$y = 1\,103.5 \times x - 100.1$	$0 < ref \leqslant 0.15$	0.78
	$y = 73.0 \times \ln(x) + 194.4$	$0.1 < ref \leqslant 0.75$	0.91
	$y = 160.6 \times x^2 - 140.9 \times x + 190.0$	$0.7 < ref \leqslant 1.2$	0.87
波段 3	$y = 599.6 \times x - 12.5$	$0 < ref \leqslant 0.15$	0.81
	$y = 56.7 \times \ln(x) + 179.8$	$0 < ref \leqslant 0.45$	0.85
	$y = -69.1 \times x^2 + 234.7 \times x + 42.4$	$0.4 < ref \leqslant 1.2$	0.90
波段 4	$y = 23.7 \times \ln(x) + 114.2$	$0 < ref \leqslant 0.15$	0.69
	$y = -29.5 \times x^2 + 244.3 \times x + 33.7$	$0.1 < ref \leqslant 0.65$	0.90
	$y = -126.2 \times x^2 + 325.8 \times x + 18.2$	$0.6 < ref \leqslant 1.2$	0.78

在图 2.5 中，a 为基于线性函数转化获取到的 RGB 影像，b 为手动进行增强后的 RGB 影像，c 为采用拟合的分段函数转化获得的 RGB 影像。以 a、b、c 对比可以看出，采用拟合函数与采用手动增强的方法得到的 RGB 图像没有明显区别，相较于由线性函数转化而来的 RGB 图像，图像整体效果明显更佳，对地物细节信息的表现程度也更好。

图 2.5 中，h、i、j 展示了针对各个波段 RGB 值的概率密度分布直方图。黑色曲线表征了根据线性函数进行映射所得到 RGB 值的概率密度分布，在 0 ~ 50 低值区域出现一个极高的峰值，对应地物类型中的岩石，而在 100 ~ 150 之间的第二个小峰值对应地物类型中的积雪，这也就意味着在此图像中，会有大量的像元集中在这两种地物，分布趋于两极化，用于表征在其他地物的 RGB 范围不足，从而会使得图像的层次不够，最终导致地物细节的表征能力被弱化。红色曲线是经过分段函数拉伸后图像 RGB 值的概率密度分布，它仍然保留了原图像中集中在岩石和冰雪区域的两个峰值，但 RGB 值在整个范围内的分布趋于平均，RGB 值的层次更丰富，对比度更大，即在能够保证主要地物类型的表达的情况下，有更多的像元用来展示细节信息，图像亮度整体提升，图像的整体效果明显更佳。

2.3.4 图像拼接

格陵兰岛范围广阔，为了得到一幅完整的格陵兰图，需要将 200 多个 Landsat-8 影像拼接在一起。由于数据较大，再加上计算机性能的限制，一次能够拼接的遥感影像最多不超过 30 景。研究中将整个格陵兰地区划分为七个部分，每个区域由 20 ~ 30 景 Landsat-8 影像覆盖，含有云雾等干扰因素的图像放置在底层，上层放置质量较好的无云影像，从而保证最终的合成图中没有云的影响。同时，为了避免相邻影像由于获取时间的不同造成的色差而影响最终的全图效果，本研究保证在拼接过程中每两景相邻的影像均在较短时间内或在同一季节内获得。

2.4 制图结果

2.4.1 图像增强效果

采用拟合出的分段函数，应用于获取时间在 2014 年 6—8 月的 6 景遥感影像中（太阳高度角均在 28.36° ~ 35.29°），增强效果如图 2.7 所示，并与直接利用线性函数进行图像增强所得到的结果进行对比。对比表明，采用单一的线性函数进行增强的图像存在较大的色差，例如，图 2.7 中 a 和 g 的图像相较于 c 和 e 明显偏亮，这种亮度差异将对整个地区内完整图像的拼接产生较大的影响，而通过分段函数来实现增强的图像间亮度差别较小；此外，采用线性函数的转化结果较难实现一些地物特征的识别，容易丢失细节信息，如在 i 和 k 中的岩石和水体边界不够明显，但同样的信息在 j 和 l 中很容易被识别；j 和 l 中的云雾信息，在 i 及 k 中也没有被表现出来。图 2.7 中 m 和 n 为分别采用线性函数与分段函数进行增强的影像经过合成后的图像，可以看出，后者的整体视觉效果明显更优。

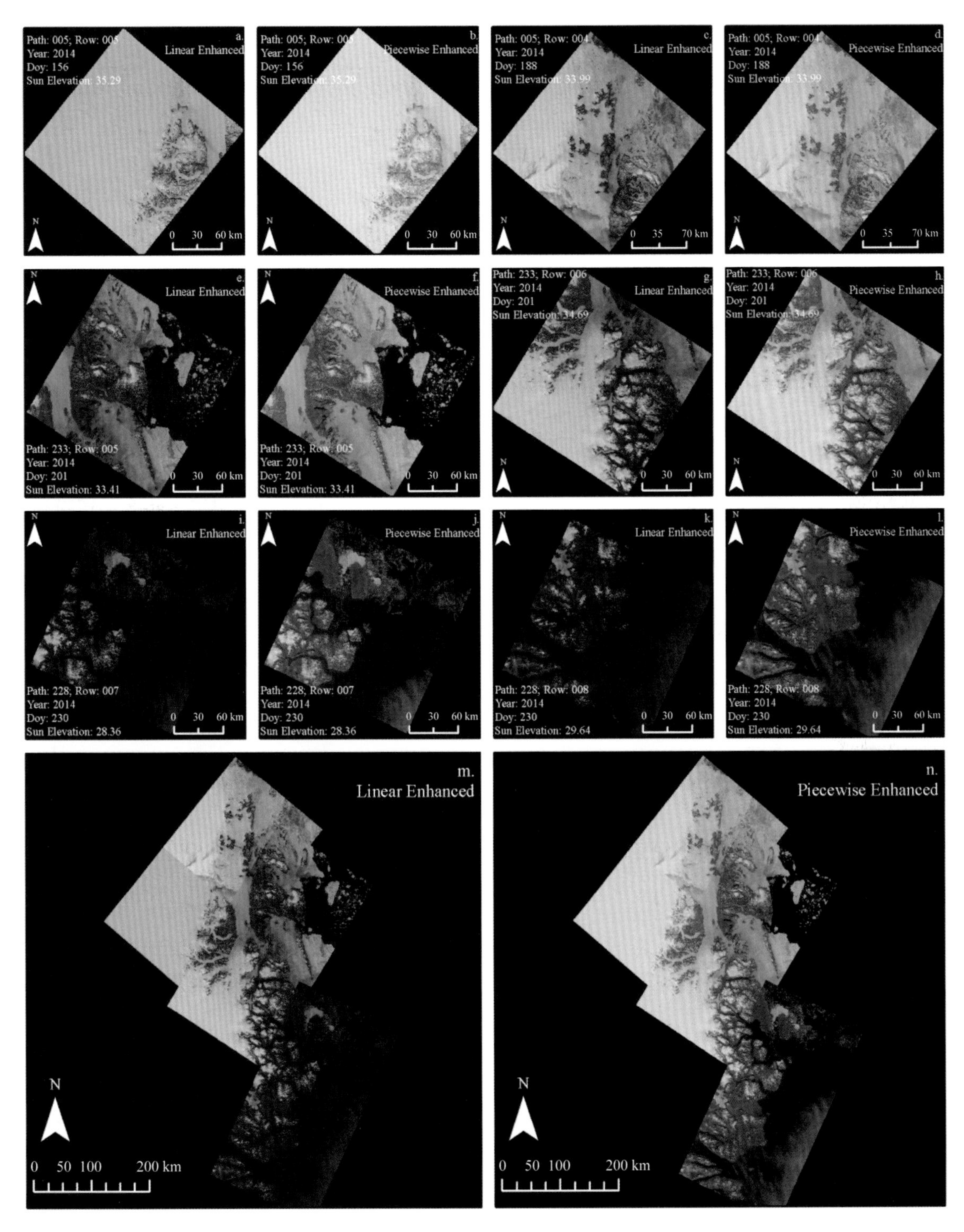

图2.7　图像增强效果

Linear Enhanced：采用线性函数增强；Piecewise Enhanced：采用分段函数增强

2.4.2 图像镶嵌结果

经过对 Landsat-8 遥感影像的增强与拼接镶嵌，得到完整覆盖格陵兰地区的 30 m 分辨率的彩色地图，并根据格陵兰自然资源研究所提供的城镇、定居点、机场等主要人类活动点的地理坐标，以及格陵兰基本地貌的位置分布，在图中对应标注，最终得到分辨率高、无云雾遮挡、地物信息完整的格陵兰遥感影像全图（图 2.8）。

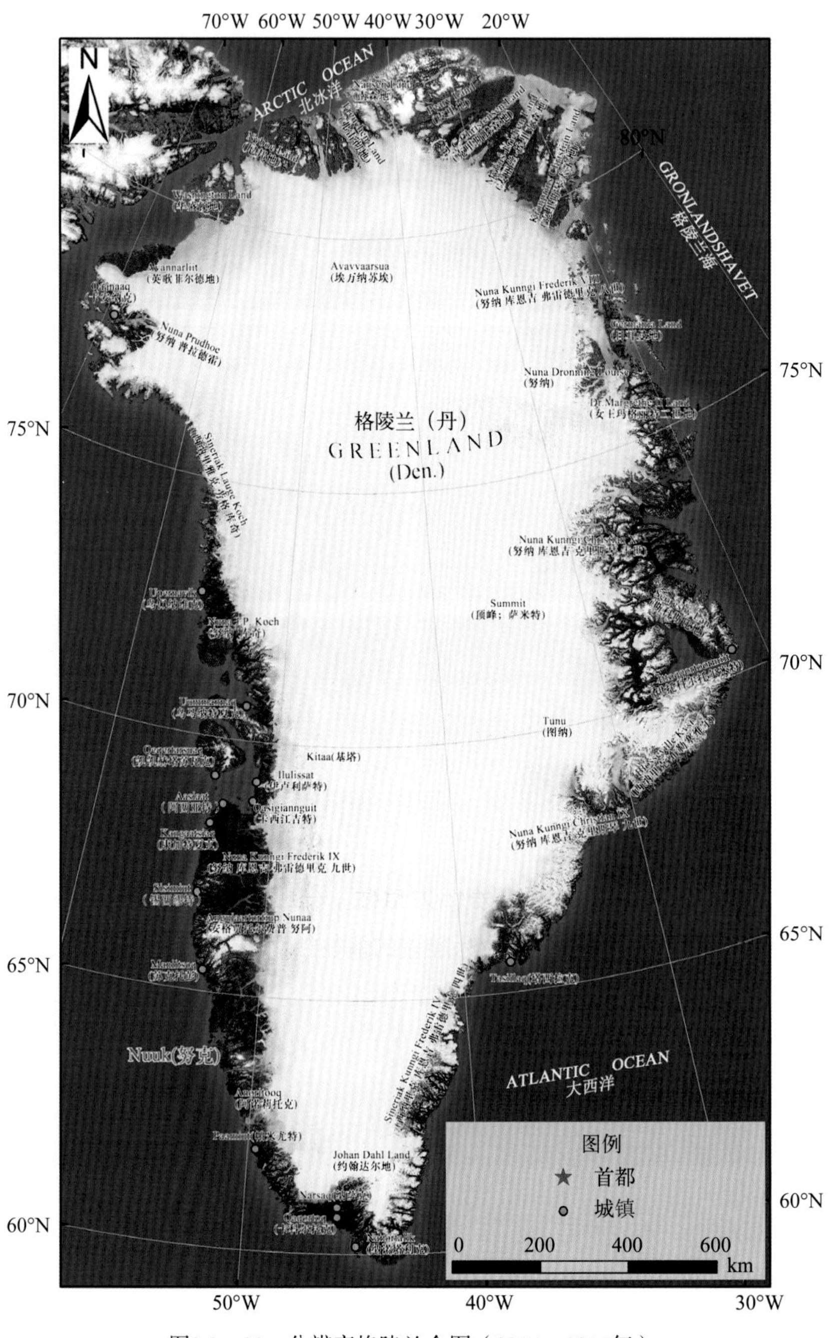

图2.8 30 m分辨率格陵兰全图（2014—2015年）

由图 2.8 中可以看出，岛屿内部覆盖着厚厚的冰盖和积雪，而在岛屿的边缘区域，形成了一圈露出地表的狭长地带，尤以西南和东北地区范围最大。全图能够全面展示格陵兰的自然地理环境，有利于进行环境变化分析，能够为分析气候变暖背景下格陵兰的变化提供资料支持；全图展示了格陵兰的城镇、居民聚居区、机场等人文地理要素，能够反映格陵兰的社会发展状况和城镇分布情况，可服务于格陵兰的经济社会建设。

2.5 与 LIMG 比较制图质量

格陵兰冰雪测绘项目（GIMP）利用 1999—2000 年的 Landsat-7 与 Radarsat-1 卫星遥感数据，发布了一幅 15 m 分辨率的格陵兰遥感影像图（Landsat Image Mosaic of Greenland，LIMG）。为了更好地验证本研究所得全图的优势，在格陵兰岛选择了多个典型区域进行了制图效果的对比，样本区域的选取遵循在格陵兰岛分布均匀、所包含地物信息丰富完整，以及能够同时反映陆地和海岸带地表状况这三个原则。

2.5.1 基于目视效果判读制图质量

研究选取了 7 个 50 km × 50 km 大小的样本区域（图 2.9），由目视比较本研究得到的全图与 LIMG 图像的差异主要表现在以下几个方面，第一，LIMG 图像整体色调偏暗，对地物纹理的表现力不强，而本研究中的全图能够更清晰地展示积雪和土地的覆盖特征；第二，由于图像获取日期的不同，LIMG 不同影像之间颜色存在较大差异，导致图像间的拼接边缘在全图中较为明显，而在本研究所拼接得到的全图中几乎没有边界线出现。

2.5.2 基于信息量判读制图质量

在评价图像质量时，我们通常用标准差作为指标。一般来讲，若一幅图像所展示的信息量越大，对地物的表现程度越细腻，它对应的标准差的值往往越大[69]。标准差的计算公式为：

$$S=\sqrt{\sum_{i=0}^{M-1}\sum_{j=0}^{N-1}\left[f(i,j)-\overline{f}\right]^2 \Big/ M\times N} \tag{2-5}$$

式中，S 代表了图像的标准差，$f(i, j)$ 对应着图像中第 i 行第 j 列像元的 DN 值，$\overline{f}$ 是整幅图像中所有像元值的平均，M 和 N 代表了图像的行列数。对 7 个样本区域，分别计算先前的 LIMG 图像与本研究所得到的图像的标准差并进行对比，情况如图 2.10 所示：本研究所得到格陵兰影像的标准差大约为 LIMG 图像的 2 倍，说明本研究所得影像包括地物信息的丰富度明显优于 LIMG。原因可能来自两个方面：第一，相较于 Landsat-7 搭载的 ETM+ 传感器，本研究采用的 Landsat-8 OLI 数据对地物特征更加敏感，能够更精确地记录地物信息；第二，本研究所采用的分段函数增强方法效果较好，在更大程度上实现了对原始数据中信息的全面保留。

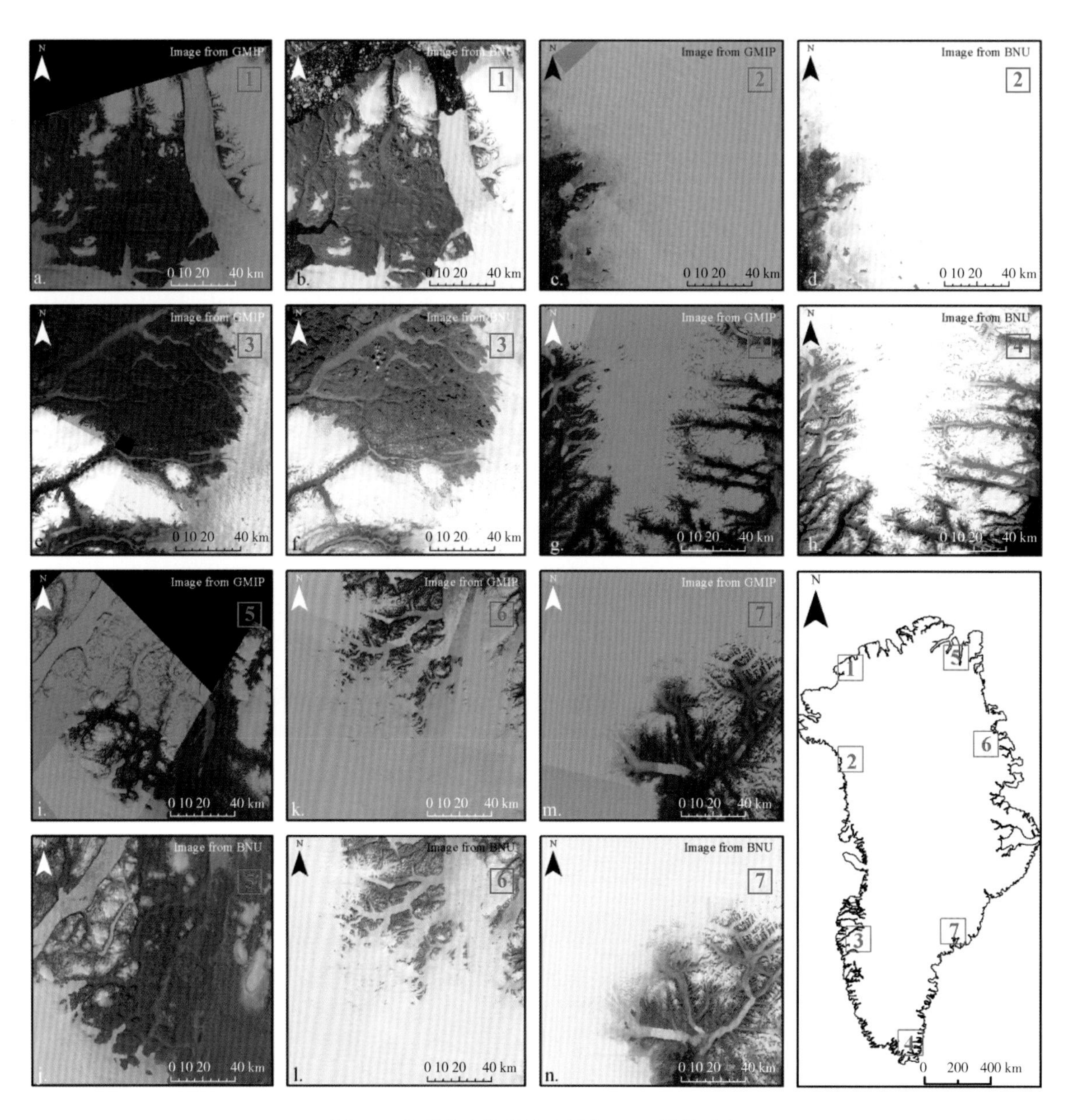

图2.9　本研究中格陵兰全图与LIMG图像对比

Image from GIMP：GIMP格陵兰影像图；Image from BNU：本研究格陵兰影像图

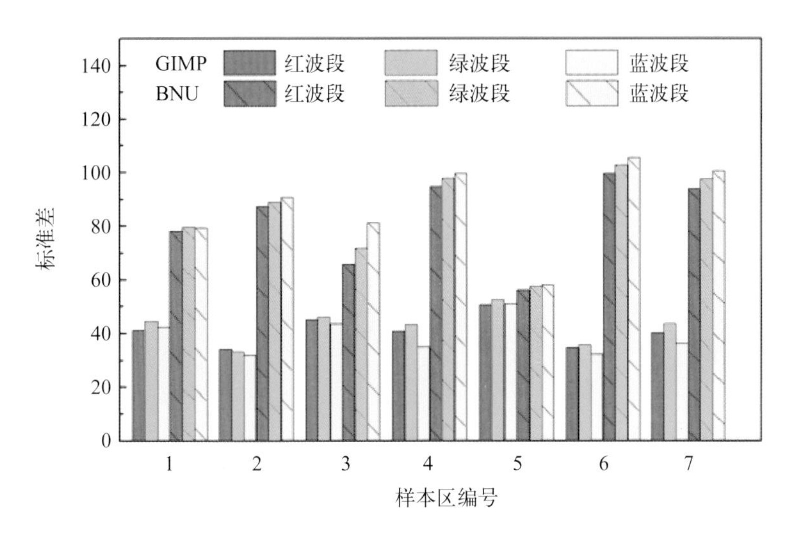

图2.10　LIMG及本研究中7个样本图像的标准偏差对比

2.6　本章小结

本章主要介绍了格陵兰全图的制图过程与方法，涉及研究数据的光谱响应特征、处理方法、制图结果及制图质量评价 5 个方面。具体内容有：介绍了 Landsat-8 数据及 MODIS 数据的基本情况，以及本研究选取数据的原则、可行性与合理性；阐述了冰雪地物在光学遥感图像中表现出的反射率特点；详细介绍了格陵兰大规模遥感制图的方法和过程，展示了基于本研究方法的制图效果及最终得到的格陵兰全图；最后，将本研究结果同较早的 LIMG 全图结果进行对比，从目视效果及图像所包含的信息量两个方面论证了本研究制图方法的优越性。

第 3 章　格陵兰自然与人文地理情势

3.1　基本地理环境

格陵兰是世界第一大岛，在地理位置上属于北美大陆，坐落于太平洋和大西洋之间，加拿大群岛以东。然而，就地缘政治来看，格陵兰岛是欧洲的一部分。作为世界上面积排名第 12 位的国家，格陵兰的面积为 2 166 313.54 km^2，大约为西伯利亚的 1/6，其中无冰区的面积为 332 413 km^2。南北最长距离为 2 670 km，东西最长距离为 1 050 km，四面环海，海岸线长达 4.41×10^4 km。格陵兰冰盖是除南极洲以外唯一的永久冰盖，岛屿 80% 的地区处于北极圈内，最北端莫里斯・杰塞普角（Cape Morris Jesup）距离北极点仅仅 740 km，累积的冰层占据了整个陆地范围的 81%，平均厚度达到 2 300 m，冰帽部分甚至可以达到 3 km。格陵兰冰盖存储的淡水资源占据了世界淡水资源的 10%。

格陵兰北部为北极气候，夏季凉爽，冬天严寒，极夜可以持续 1 ~ 5 个月；在岛屿中南部的大陆深处，有部分亚北极气候分布。格陵兰整体的平均温度通常不超过 10℃，而在岛屿最冷处——冰帽，最低气温可以降至 -70℃以下。随着全球气候变暖，2013 年 7 月，在格陵兰西海岸测得了自 1958 年以来有观测数据的最高温度——25.9℃。表 3.1 展示了 2016 年度格陵兰岛的几个代表性城镇的温度记录。

格陵兰岛地形西高东低，西部为平原，东部的贡比约恩峰（Gunnbjørn Fjeld）为格陵兰最高的山脉，海拔达到 3 700 m。根据气温记录显示，格陵兰西南部区域温度明显偏高。图 3.1 所示区域为格陵兰岛的西南区域，拥有受海洋影响的苔原气候，由于西侧有格陵兰暖流经过[70]，使得附近海域常年不结冰，为渔业的发展奠定了良好的基础。此区域纬度和地形相对较低，利于各项生产生活活动的开展，岛屿和峡湾众多，海岸线曲折漫长，有多个不冻港，便于发展航运。此外，此区域西靠戴维斯海峡，是西北航道的必经之地。随着全球变暖、西北航道的开发可能性不断加大，格陵兰西南区域的地貌变化将与西北航道开通的前景密切相关。

西南区域是格陵兰原住民的主要聚居区，格陵兰首府努克也位于这里。努克是格陵兰最大的港口城市，目前约有 1.8 万人居住，占格陵兰人口数量的 32%，聚集了格陵兰接近一半的渔业船队。由于努克常年无冰雪覆盖，无法像内陆地区一样使用雪橇作为交通工具，因此在城区建设了公路，且公路交通较为发达，格陵兰大多数公共汽车和私家车都在努克城区运行。发达的传统渔业、潜力巨大的港口经济，以及相对更适合生活的气候地理环境，让西南地区成为格陵兰经济社会活动最活跃的区域，而相对密集的人类活动也对这一地区的自然环境产生影响。

表3.1　格陵兰岛典型城镇2016年温度观测

	月份	卡安纳克（北部）	伊卢利萨特（西部）	努克（西部）	卡科尔托克（南部）	塔西拉克（东部）	伊托科尔托尔米特（东部）
平均最高气温 /℃	1 月	−0.9	7.6	11.7	10.5	5.1	−1.9
	2 月	−0.5	4.9	4.3	5.1	1.6	−3.2
	3 月	−8.5	7.9	10.9	9.3	4.7	1.2
	4 月	5	11.5	13	13.5	9.6	4
	5 月	5.8	10.3	13	18	8.7	8.9
	6 月	10.5	17.8	20.1	18.1	12.5	12.2
	7 月	16.3	19.2	17.8	18.9	16.2	16.8
	8 月	14.8	14.3	16	16.7	13.5	18.7
	9 月	5.5	7.9	10.2	14.1	10.6	10.5
	10 月	−0.2	10.1	11.2	13.1	9	3.2
	11 月	1.4	6	4.5	10.5	3.9	4.2
	12 月	−7.9	7.3	8.6	10.4	4.7	−0.3
平均最低气温 /℃	1 月	−30	−20.2	−17.1	−18.5	−11.4	−28.1
	2 月	−30.5	−25.2	−13.3	−12.8	−12.9	−30
	3 月	−30.5	−18.1	−13.5	−13.2	−10.7	−30.2
	4 月	−24.6	−12.1	−9.7	−4	−6.4	−22.9
	5 月	−15.4	−3.8	−3.9	−1.7	−4.1	−8
	6 月	−3.7	0	0.6	0.7	−0.5	−1.3
	7 月	1.8	3.9	1.4	1.2	1.9	1
	8 月	0.5	−1.1	0.6	3.9	4.2	0.5
	9 月	−6.2	−4.7	0	0.9	0.6	−1.9
	10 月	−14.2	−13.2	−7.7	−6.3	−2.4	−6.9
	11 月	−17.9	−18.5	−9.6	−9.3	−8.5	−16.7
	12 月	−26.2	−21.7	−15.3	−17.6	−11.6	−21.8

图 3.1b 为雅各布港（Jakobshavn）冰川区域，地处巴芬湾东侧，以伊卢利萨特峡湾为出口，是世界上流速最快的冰川，每年格陵兰冰盖的物质损失中，大约有 6% 从这里排出 [71, 72]。图 3.1c 为雅各布港冰川前端的放大图，展示了雅各布港冰川崩解及前端退缩。关于冰川退缩原因，目前有多种推测：①如由峡湾和冰川之间的物质循环和能量交换导致 [73–75]；②温度变暖导致 [76, 77]；③冰川内部动力系统发生改变；④海水变暖引起冰川变薄，造成冰架的崩解 [78, 79]。图 3.1c 中白色高反射率区域为雅各布港前端碎冰区，由于峡湾形状狭长曲折，所产生的大量碎冰堆积在峡湾中无法排出。

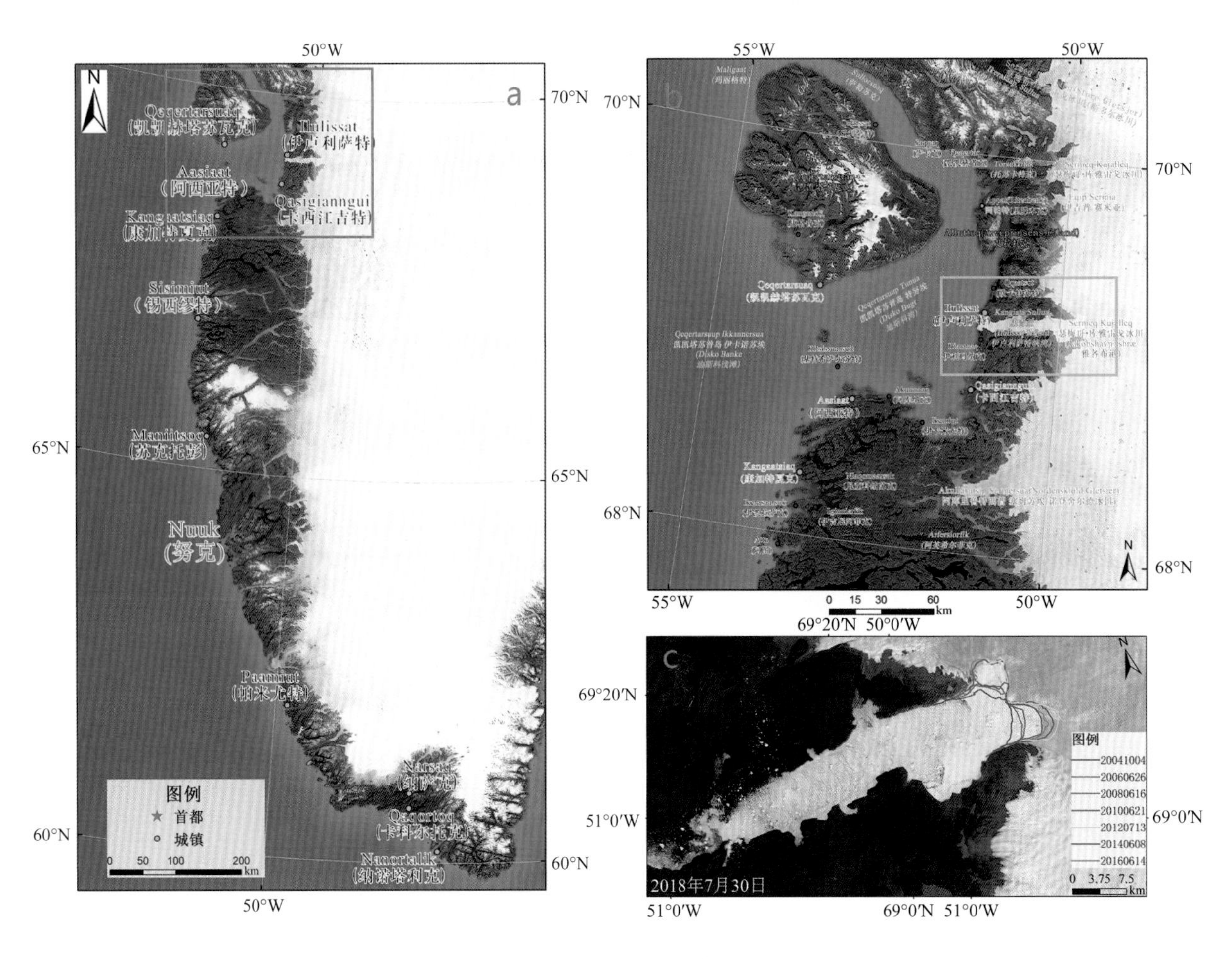

图3.1　格陵兰岛西南区域放大图

图 3.2 所示为格陵兰的西北部区域，深入北极圈内部，终年低温，人口密度非常低，美国在北极圈以内的空军基地——图勒空军基地 (Thule Air Base) 就坐落在此区域。图勒空军基地距离图勒约 60 km，在北极圈以北 1 207 km 处，距离北极点 1 524 km。从图 3.2 中可以看出，图勒的地理位置十分优越，坐拥格陵兰唯一的深水港，紧邻阿索尔角，处于巴芬湾入口处的伍尔斯滕霍姆

海峡南岸，与加拿大隔海相望，且位置恰好在纽约和俄罗斯的战略中间点[80]。图勒空军基地从建设之初对于美国而言就有巨大的战略意义，在军事上能为导弹预警情报提供支持，借助于在此处精密布局的全球传感器网络，可以帮助美国实现对广阔范围的空间监测；随着气温的日趋升高，北极区域受到的关注逐渐增加，图勒空军基地开始为格陵兰及加拿大科考基地提供后勤支撑并辅助其进行北极科学研究，具备更大的科学意义和价值。

图3.2 格陵兰西北部区域放大图

图 3.3 为格陵兰东北部的放大图，有著名的尼欧格七十峡湾。根据图 3.3b 中展示出的信息，峡湾西侧冰架表面有大量的融池，在此区域内，物质损失主要是由冰舌底部与海洋交界面的热量交换造成的融化而驱动，且融化最迅速的区域集中在接地线附近，在全球升温背景下，北冰洋海冰大量融化，冰雪融水形成低盐度的极地水团，分布于大西洋水团的上层，沿着格陵兰东岸向南部流出，在洋流的作用之下，冰架发生底部消融 [81-85]。且由于融水的反射率较低，相对于冰雪，融水表面能够更多地吸收太阳辐射，形成正反馈，使温度进一步上升，从而加速周围冰雪融化，导致融池范围进一步扩大 [86]。

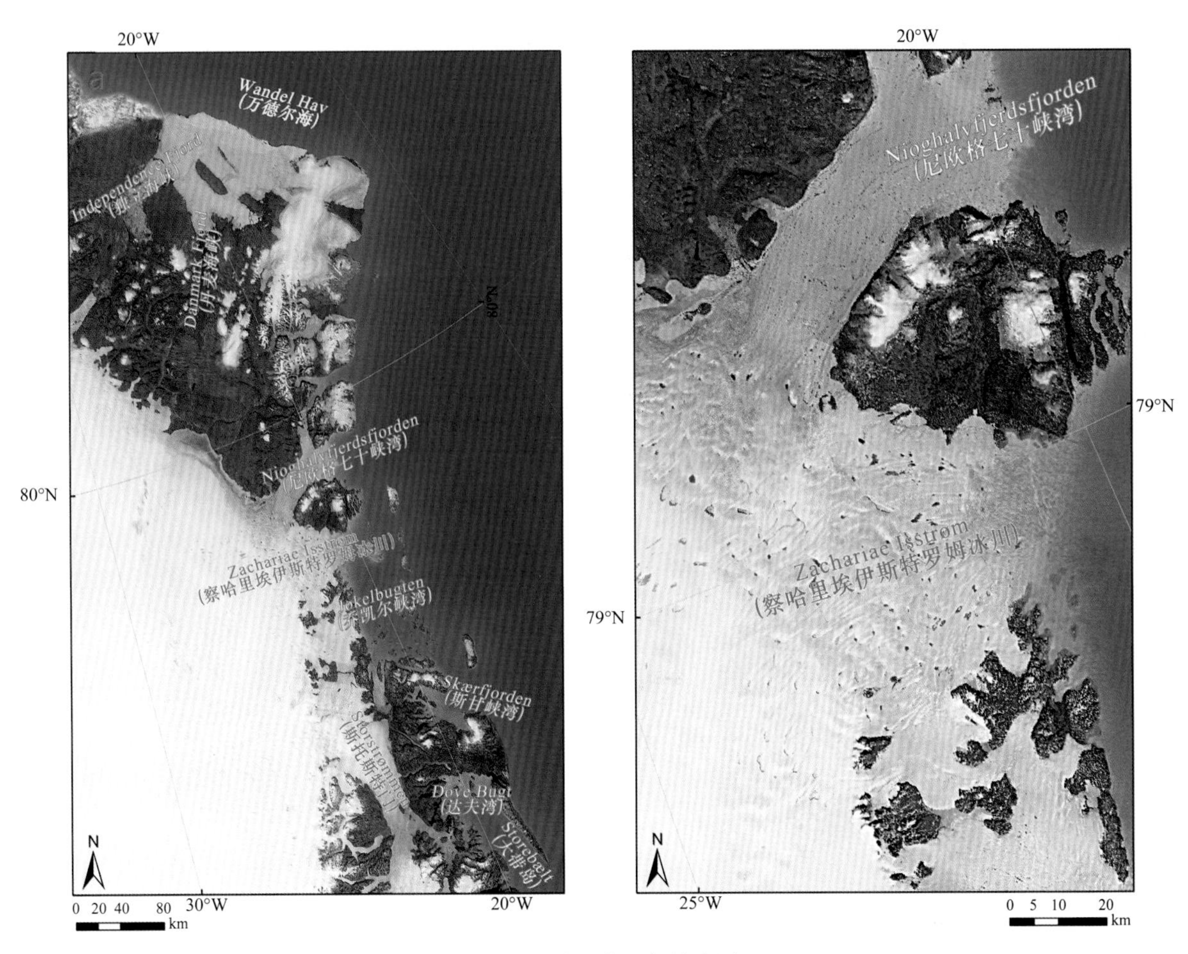

图3.3　格陵兰东北部放大图

3.2　资源分布情况

矿产资源勘探与开发是格陵兰近些年发展起来的新兴产业，也是格陵兰受到国际社会关注最重要原因。受北极变暖的影响，格陵兰裸露范围逐渐增加，随着科学技术的发展，格陵兰的矿产及油气资源的储存情况和分布区域日趋明确。格陵兰早在38亿年前海底大陆的基础上形成，特殊的地理地貌为格陵兰区域形成石油、天然气及各种矿产资源提供了丰富的条件。由于北极地区人迹罕至，自然条件较为原始，使得资源保持了良好的保存状态[37]。格陵兰已经被探明的矿物类型包括铁矿石、铬、铅、金、铜、锌、稀土及金刚石等[38]，其中，铁、铜、金、稀土等储量巨大。鉴于我国对于稀土、铁矿石等有非常大的需求，格陵兰能够成为我国矿业领域极佳的合作伙伴。

图3.4展示了格陵兰最丰富的几种矿产资源的分布。格陵兰矿产集中分布在两个区域，西南沿海矿产种类丰富，处于冰盖裸露区，具有相对较好的开采条件与开采潜力。铁矿、稀土、铜矿集中分布，格陵兰颁布的矿产资源开采许可证也主要集中在西南矿区。中国企业在格陵兰的首个投资项目，由俊安集团接管的Isua铁矿就位于此处的不冻峡湾——努克峡湾的东北部，距离首府努克仅仅150 km。数据显示，Isua铁矿拥有10×10^8 t以上的铁矿资源，其中33%的铁矿可以进一步精炼[87]。主要矿产资源的另一个集中分布区为北冰洋沿岸，锌矿与铜矿丰富，但相较于西南部沿海，此区域纬度高、温度更低，对开采技术提出更高的要求，目前开发尚有难度。

格陵兰岛还储存着丰富的油气资源，2007年，USGS对东格陵兰油气资源进行了评估，发现了该地区巨大的油气潜力，桶油当量达到了323.4亿桶，原油的储量约为89亿桶，天然气的储量可达$24\,406.2\times10^8$ m^3，液化天然气储量大约为81.2亿桶[88,89]；仅仅东北区域（图3.3），就有约310×10^8 t总量的石油储量[38]。近年来，格陵兰岛东北地区融池范围将进一步扩大，本地区油气资源的探测与开发将迎来更多机会。西格陵兰附近海域也被USGS推断有较大发现油气田的可能性，专家推测，西格陵兰—东加拿大油气田的天然气含量可能超过$15\,000\times10^8$ m^3，挪威、法国等国的多家公司已经从2016年开始对本区展开进一步的探索[90]。在环境变暖、冰雪融化及全球能源短缺的情况下，矿产资源开发将为格陵兰带来前所未有的发展机遇。当前，格陵兰矿产石油局（BMP）正在积极开展矿产规划布局，其在此前公布的矿业发展目标中表示，希望能在2020年达到年产5亿桶石油的目标，到2025年前，实现正常运营的矿山数目达到5 ~ 10个，石油产量达到20亿桶 / 年[38]。

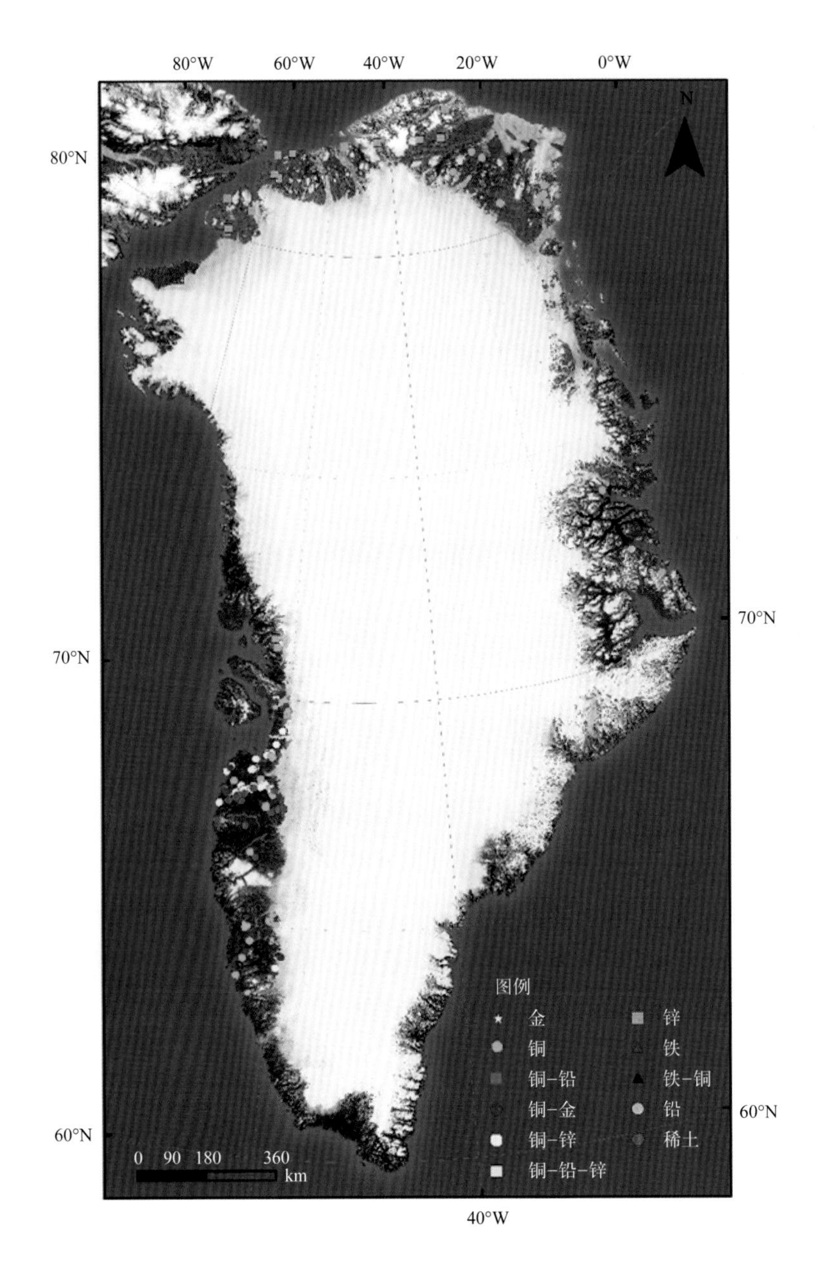

图3.4　格陵兰矿产资源分布

3.3　人口与教育情况

格陵兰岛是世界上人口密度最低的地区，居住着大约 5.6 万人，如果按照无冰区的面积统计，每平方千米住 0.14 人，这一数字仅仅是西伯利亚人口密度的 1/10。岛上的居民大多为因纽特人，世世代代在格陵兰居住，少数从外迁移而来的人口主要来自丹麦。在格陵兰，人口多定居于西南部沿海岸带区域，约 50% 的人口居住在努克（Nuuk）、锡西缪特（Sisimiut）、伊卢利萨特（Ilulissat）、阿西亚特（Aasiaat）、卡科尔托克（Qaqortoq）这五个城镇（图 3.5），还有一些居民居住在一些零散的定居点（人数为 50 ~ 500）。20 世纪 60 年代以后，随着格陵兰工业的发展，社会现代化的进程不断加快，大城镇的发展速度逐渐和乡村定居点拉开差距，也使得居民开始从零散的定居点向几个大型城镇迁移与集中，最近几年，格陵兰城镇与居民点的人口比例接近于 7 ：1。

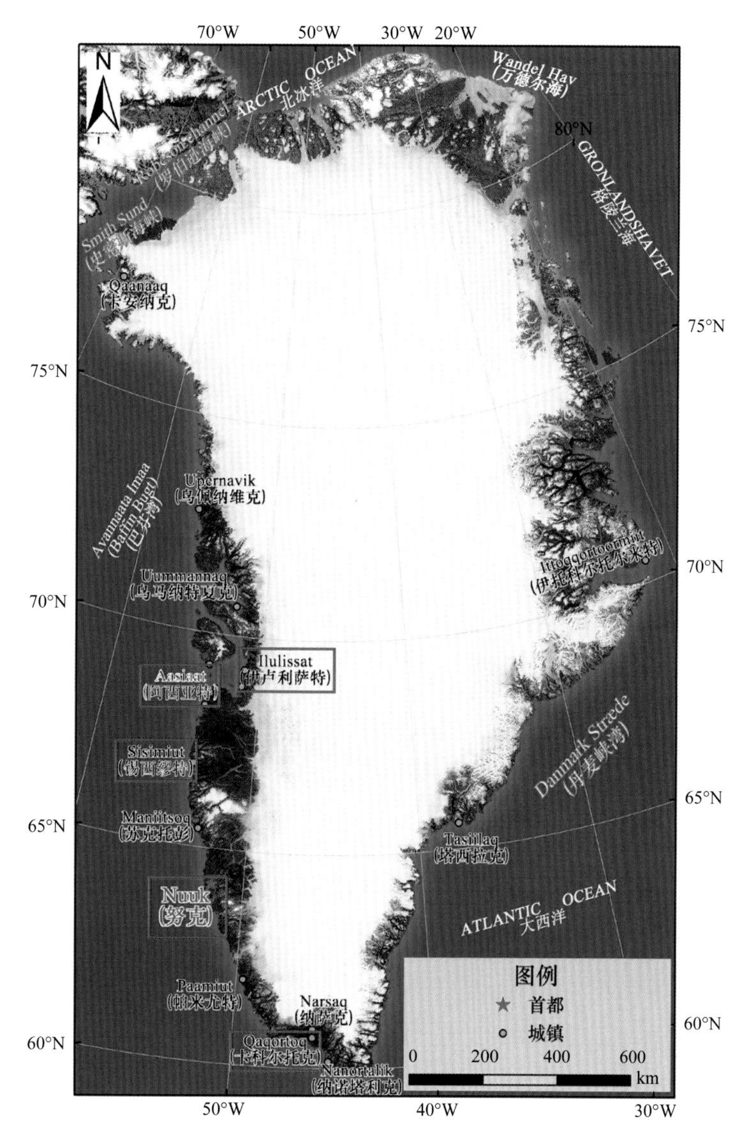

图3.5　人口分布集中区

格陵兰的人口出生模式在过去 10 年中保持着较为稳定的状态，每年出生人口的数量约为 850 人，死亡人口在 500 人左右，男性的人均寿命是 69.6 岁，女性的人均寿命是 74.1 岁，高的事故发生率及高于其他北欧国家 6 ~ 7 倍的自杀率带来的高死亡率造成格陵兰人口的平均寿命短于欧洲人口。而又由于格陵兰医疗条件落后，很多居民定居点远离诊所或者医院，造成远离城镇居民就医困难，一旦有突发性疾病发生，无法获得及时的医治。图 3.6 展示了格陵兰人口的数量及增长趋势。从 20 世纪 70 年代开始，格陵兰一直呈现迁出人口多于迁入人口的趋势，根据现有的出生率、死亡率及人口迁移率预测，到2040年，格陵兰的人口数量将为5.2万~5.3万人，相较于现在减少3 000人左右。在人口的负增长背景下，格陵兰进一步建设将面临严重的劳动力短缺问题，这也将成为未来制约格陵兰工业发展的一个重要因素。

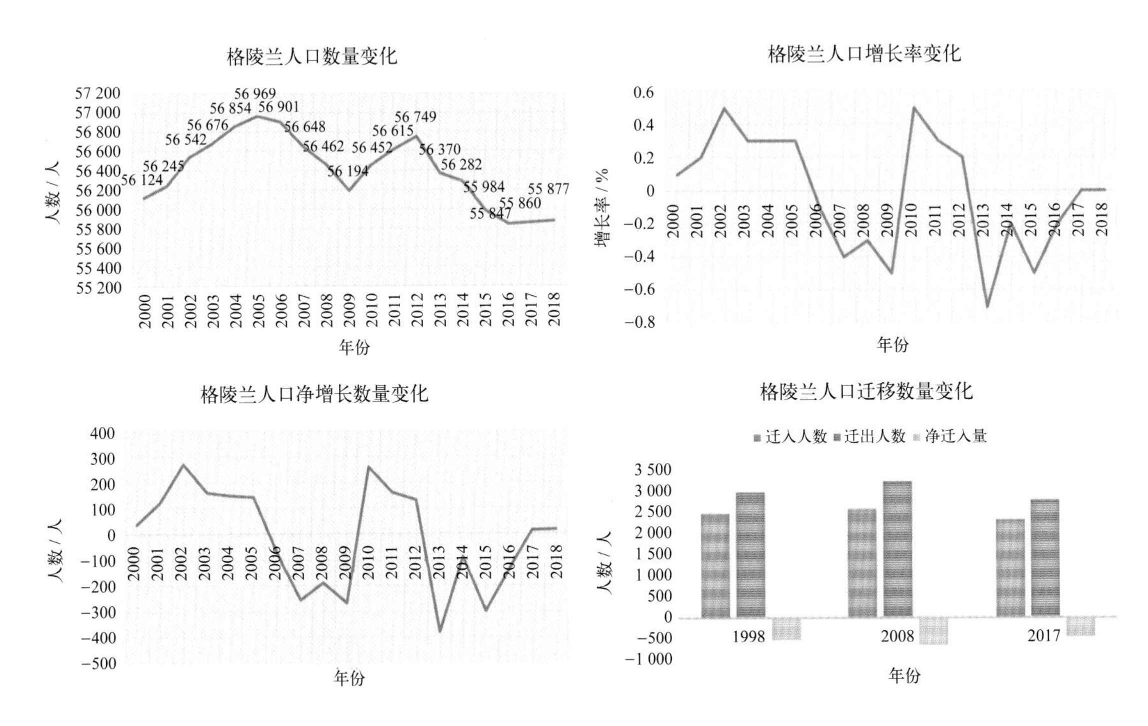

图3.6　格陵兰人口变迁情况

格陵兰教育水平在北欧地区中处于末位。尽管设置了包括小学阶段与初中阶段的十年制义务教育，但由于教育资源在大多数小型居民定居点仍没有普及，仅仅在首都努克设置有格陵兰的唯一一所大学，仅有四所城镇设置高中，对年轻人群体教育水平的提升造成了极大障碍。格陵兰教育中，初中升入高中的比例为7 ∶ 1，多数年轻人没有接受高中教育；根据当前对整个格陵兰年龄区间在18 ~ 25岁人口的受教育程度的统计结果，约3/5的人口尚未完成或者仍然在进行高中教育及中等职业教育；在25 ~ 64岁的人口中进行普查，约一半人没有接受过初中以上的教育，而其他北欧国家这一比率仅为1/4。格陵兰现阶段的教育状况限制了年轻人的技能提升与职业发展，切实影响着其收入情况与生活质量，图3.7展示了在格陵兰收入与教育水平之间的关系。

在文化传统方面，格陵兰原住民极为看重本土的传统文化。格陵兰几乎所有的城镇都设置有自己的博物展览馆，用以记录、保存和传扬当地的文化；鼓歌和舞蹈是格陵兰的特色文化项目，位于努克的格陵兰国家剧院也会定期展示以格陵兰传统文化为基础的表演艺术曲目。在经济全球化的背景下，格陵兰文化正走向开放与包容，接纳和吸收了更多的外来文化元素，现代娱乐休闲设施在大型城镇不断发展。但偏远地区的生活仍然保持着较为朴素的状态。随着格陵兰开放程度的增加，如何实现吸收外来文化与保持本地传统之间的平衡是原住民十分关注的问题。

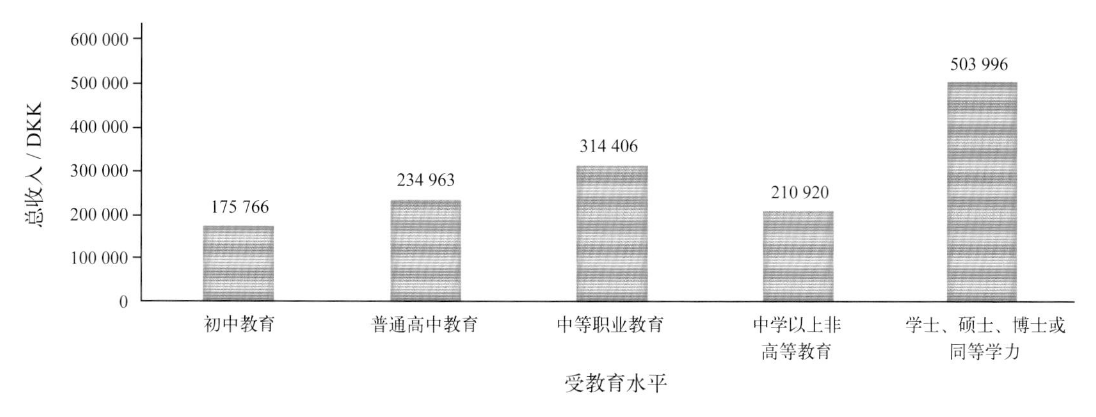

图 3.7　格陵兰居民教育水平与收入间关系（2017年）

3.4　主要经济产业

受地理位置与自然环境的限制，格陵兰的经济结构仍然是以农业为主，包括狩猎业、农业、渔业等。

格陵兰的农业可以追溯到晚维京时代，1782 年，牧羊产业在伊加利科（Igaliku）正式被作为一个单独的产业发展起来；1924 年，第一个规模性的农场在艾里克（Erik）建立。由于气候因素的限制，农牧业只分布在格陵兰岛南部，以传统的畜牧业和饲养业为主，且在过去的几十年里，养殖场、农场的数量逐步缩减，规模不断扩张，农业的运转状况逐渐变得合理化与系统化。狩猎也是格陵兰世代流传的生活方式，迄今为止仍然是多数原住民家庭重要的经济来源，但是近些年里，随着产业布局的丰富化，狩猎业的比重有所下降，近几年格陵兰岛的狩猎状况变化趋势如图 3.8 所示。

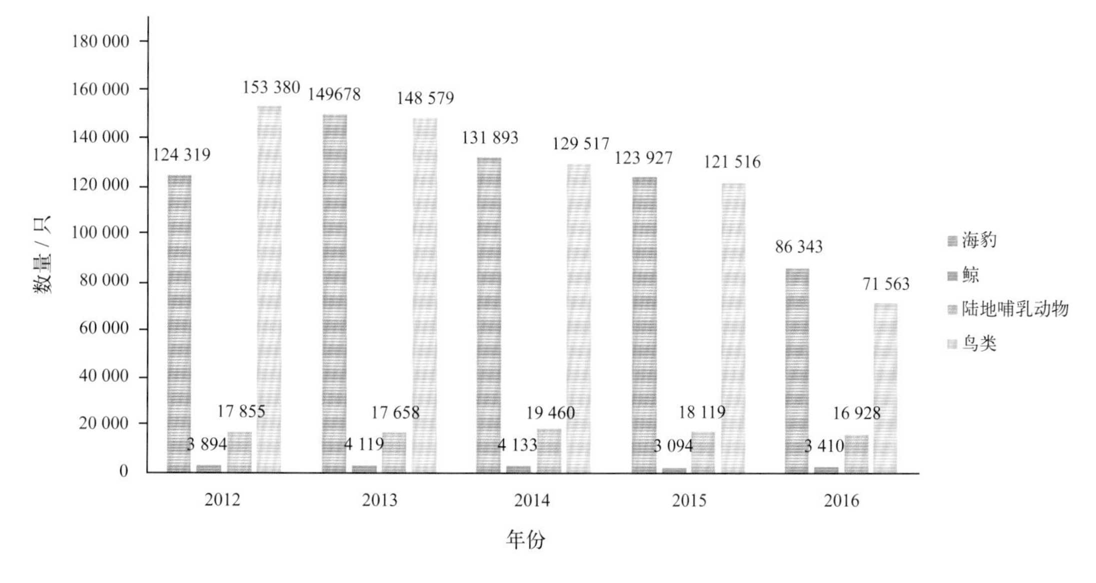

图3.8　格陵兰狩猎数量变化图（2012—2016年）

和农业与狩猎业在格陵兰产业结构中扮演的“自给自足”的功能不同，格陵兰渔业在国际贸易中占据着重要的地位，也是当前其国家经济的支柱型产业。受到西格陵兰暖流的影响，格陵兰西南部居民聚居区具有渔场形成的良好条件，劳动力、资源、船只在此地聚集，促进了格陵兰渔业的发展。图 3.9 展示了 2013—2017 年格陵兰的渔业生产情况，灰色折线展示了渔业及相关产业带来的产值占格陵兰地区当年总产值的比例。

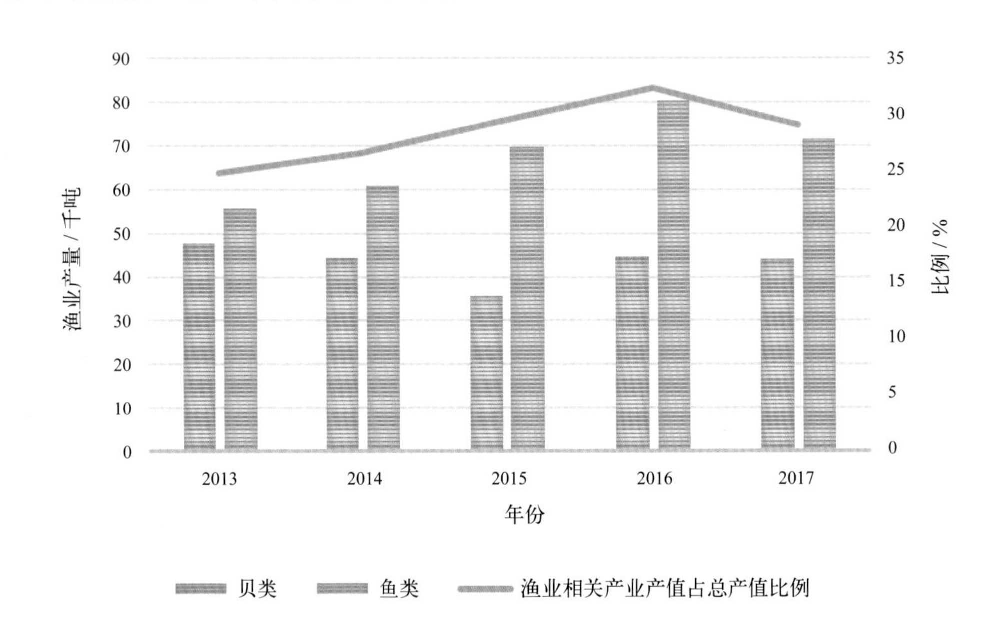

图3.9　格陵兰渔业产量及相关产业产值占比（2013—2017年）

随着格陵兰对外联系增多，格陵兰旅游业在近些年蓬勃发展。春季到秋季是格陵兰的旅游旺季，每年会吸引众多的冒险家及户外活动爱好者。格陵兰旅游资源丰富，在其东北地区，坐落着世界上占地范围最大的国家公园，超过了 97×10^4 km^2[91]；位于格陵兰岛西岸的伊卢利萨特（Ilulissat）冰湾到北极圈的距离仅约 250 km，具有壮观独特的冰湾景观，在 2004 年，伊卢利萨特冰湾获联合国批准而成为 UNESCO 世界遗产，冰湾的源头为雅各布港冰川，是世界上第二大冰川[92]；迪斯科湾 (Disko Bugt) 地区有着格陵兰最大的内地旅游市场，此区域位于内陆，天气相对稳定适宜，也因此为北极户外运动提供了极佳的平台和条件。格陵兰东部和冰岛相望，也成为户外旅行爱好者的热门目的地。旅游业对于格陵兰经济增长支撑的重要作用有望在不久的将来被愈发深刻地体现出来。

到目前为止，格陵兰国内的产业布局仍存在较为严重的失衡现象，除去渔业具备出口能力、农牧业和狩猎业满足自给自足需求，以及新兴的旅游与矿业具有发展前景之外，在其他领域的生产水平十分落后，包括日用品、办公品等小商品在内的大多数轻工业产品，格陵兰几乎全部依赖国际市场的供给，这也就造成格陵兰出口额小于进口额的贸易逆差长期存在。图 3.10 展示了格陵兰 2010—2017 年的进出口贸易情况。

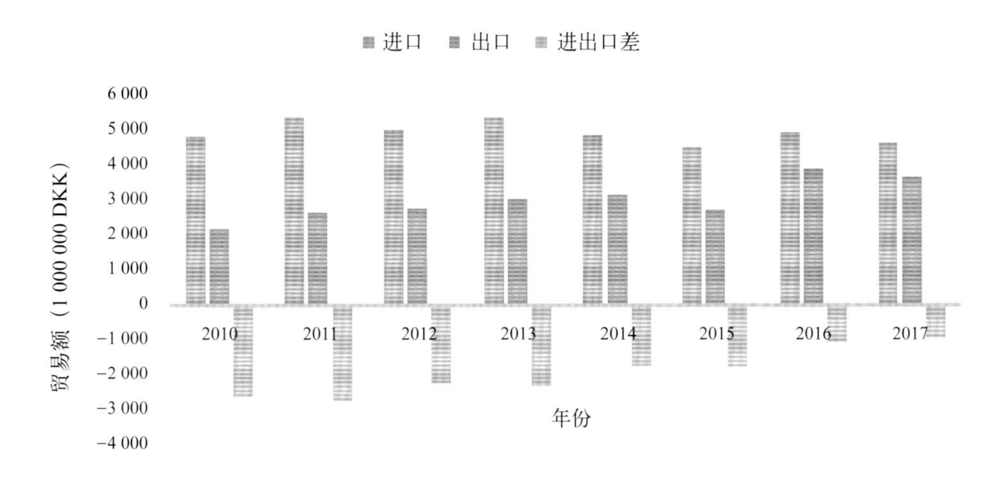

图3.10　格陵兰进出口贸易情况

生产力的不足也体现在基础设施建设领域。相较于其他的北欧国家，格陵兰的交通条件较差，目前岛上有 13 个机场，43 个直升机停机坪，在 17 个村庄和 58 个定居点建有港口。但由于内陆地区为厚厚的冰盖，地理条件局限，加之格陵兰工业基础和技术水平较为落后，造成目前岛上还没有铁路建设，公路布局只存在于少数大型城镇的内部。格陵兰跨城镇的交通和运输只能依赖于空运或者海运，这给货物进出口带来了极大的不便：空运的搭载量极其有限，且航线布局十分不完善，截至目前，除了美国、加拿大及欧洲的一些游船往来，格陵兰还没有国际客运航线开通；而冬季北极海冰又会阻隔北部及东部的航道，海运交通方式在冬季的缺陷十分明显。

3.5　本章小结

本章基于获得的格陵兰遥感影像全图，从格陵兰的基本地理环境、资源分布状况、人口教育及主要经济产业四个领域展开探讨，基于格陵兰气候分布、矿产分布、聚居特征等多个领域的数据，对格陵兰包括自然地理及人文地理在内的地理情势进行了分析。

第 4 章　格陵兰与“冰上丝绸之路”

中国在《中国的北极政策》白皮书中明确表明了与各国协同共建“冰上丝绸之路”的期许、憧憬与愿望[93]。在“冰上丝绸之路”倡议的背景下，在《中国的北极政策》白皮书的指导下，我国应该充分认识到格陵兰在北极建设过程中的重要地位及作用。基于格陵兰遥感全图，对格陵兰的自然环境与人文地理条件进行系统的认识，对格陵兰地理情势进行深入的了解分析，既能够为格陵兰因地制宜实现自身发展提供支撑，也能够为我国挖掘同格陵兰的合作潜力，进一步规划和调整针对格陵兰的北极策略，建立与格陵兰的友好伙伴关系提供帮助。

4.1　对格陵兰的发展建议

作为世界上面积最大的岛屿，格陵兰地处北冰洋和北大西洋的交界处，连接亚欧大陆和北美，辐射整个北半球。尤其是 21 世纪以来，原住民迫切期待能够依托环境变化带来的发展机遇实现社会的跳跃性发展。格陵兰的未来发展规划，一方面要积极借力、补足短板；另一方面要发挥优势、吸引外来投资者，从而不断拓宽经济提升途径、均衡和完善社会各项产业、开辟出新的经济发展空间。

4.1.1　加强环境变化研究

格陵兰是北极的重要构成，在过去的几十年中，伴随着格陵兰气温的升高，岛上广阔的冰盖正在加速融化，融池、冰间湖的数量和面积开始增加，冰川崩解所产生的碎冰在岛屿边缘的峡湾和海港中大量堆积，这些变化说明全球变暖正对格陵兰自然地理要素产生影响。环境的变化也正在影响着格陵兰地区的生态格局与居民的日常生活：格陵兰传统植物的生长情势和分布区域产生了改变；驯鹿等生物的栖息地点发生迁移，这对格陵兰居民以狩猎为主的生存方式产生了重要的影响；原住民凭借经验及传统方法对天气判断的准确性降低，给他们的出行和狩猎等日常活动带来较大不便[94]；岛上的原住民聚居区发生变迁，临近海岸的历史居民聚居点由更靠近内陆的现有聚居区所取代。格陵兰的整个社会结构正在逐渐发生变化。

地处北极，经历着“北极放大效应”下全球变暖给岛屿带来的巨大变革，格陵兰比世界上任何国家和地区都更有开展环境变化研究的必要。同时也正是因为处在北极圈内，相较于其他国家，格陵兰对全球气候变化有更明显的感知，在开展环境变化观测与研究方面具有极大便利。为了自身的生存和发展，格陵兰需要将环境变化研究放在其发展规划中的首要和核心位置，并作为其发展矿业等新兴产业的前提条件，这将不仅仅有利于格陵兰加强对环境变化趋势的预判，提高对环境变化的应对能力，同时也能够让其在全球范围内的环境变化研究领域掌握更多的主动权和话语权，提高国际影响力。因此，建议格陵兰加大对环境变化研究领域的投入，积极进行观测站、考察站的布局和规划，加强对冰川、融池、水系等多方面的关注，尤其是在环境快速变化区域，更要保持系统性的研究和观测；要提升气候变化等相关研究的学科地位，在学校开设系统课程，加大资金投入以设立专门的研究实验室，培养专门人才并成立研究队伍；需要打开国际科研合作窗口，积极对接国际一线科研力量，加强学术交流，共同致力于环境变化研究。

4.1.2　合理进行矿业布局

矿产及油气资源开发是格陵兰的新兴产业，随着气候变暖，其有望为格陵兰带来前所未有的产业升级机遇，成为促进格陵兰经济的支柱型产业。对格陵兰的矿业布局要从两个方面来考虑，一方面，对于格陵兰来说，需要抓住矿业发展的契机，积极开展对外合作，引进外国企业和投资者，积极发展对外出口，在依赖优势资源进行经济发展的同时招商引资，带动更多产业的发展；另一方面，必须直面格陵兰矿产开采可能会面临的诸多问题。

首先，需要重视矿业开采可能带来的生态破坏及环境污染问题，进行有计划的重点开发。格陵兰矿业是在环境变暖的背景下发展起来的，但同时，进行矿产开发等大型人类活动，势必又将加速格陵兰的环境变化，并将带来一定的生态风险。早在2012年，格陵兰的环保组织就曾因为油气勘探产生的噪声及油气泄露风险对北极生物的负面影响而阻止作业活动[36]。在这种情况下，如何实现生态与环境的平衡，更需要慎重规划。对于格陵兰而言，需要充分发挥格陵兰矿产石油宏观把控功能，不仅仅将当前的经济收益作为颁发矿业发展许可的考量指标，更要重视中长期的发展前景；需要加强观测、研究和统计，对矿产和油气资源的开发情况进行更详细全面的把握，依靠各方专家，对矿产质量、开采条件、生态破坏力等因素进行综合评估，针对资源的开发成本及长期回报进行考虑，在同样都能满足发展需求及效益目标的情况下，选定开发难度最低、施工更方便、恢复力最强、生态破坏力最小的矿址，以实现用最小代价换取最大收益。

其次，还要着重解决开矿过程中有可能面临的技术壁垒和桎梏。由于温度寒冷，施工条件恶劣，且围绕矿业开发的基础设施建设与布局仍不够完善，格陵兰进行矿业和油气资源的开发，面临着诸多难题和困境。例如，对于油气资源的开发而言，由于格陵兰地表具有冰碛、山脊等诸多复杂的地貌特征，岩性变化的速度较快，使得在地质勘探的准确性和效率上大大降低，作业的成本与风险均较高，对观测及施工过程所需的各类仪器与设备也提出了特殊的要求。因此，需要加大对矿产及油气资源开采技术开发的资金与资源投入，积极引进国外先进的设备与技术，并加强本地创新能力，针对格陵兰特殊的地形地貌设计和建造针对性的设备产品。

4.1.3 密切关注西北航道动态

格陵兰地理位置的另一个巨大优势在于其西部区域紧邻巴芬湾、戴维斯海峡，是面朝西北航道的关键区域，与加拿大隔海相望。航道建设是国际上北极开发的关注重点，根据科学家的预测，随着北极海冰的大量融化，最早到2030年，季节性的无冰现象将会在北冰洋区域出现[95]，作为大西洋和太平洋、东北亚与北美之间的最短航线，西北航道在未来将产生巨大的经济效益[96]。西北航道目前主要由加拿大把控，严格限制国外船只通行，使得域外国家对于它的了解程度十分有限。随着环境的继续变化及航道通航的可能性加大，西北航道将逐步满足国际法院“海峡两端均连接有公海”和“适宜于进行国际航行”这两个国际海峡的认定标准，这也就意味着西北航道的自由化通行在将来有实现的极大可能[97]。而格陵兰地处西北航道沿线，能够占据熟悉西北航道自然条件的先机；且格陵兰西南区域为人口的主要聚居区，格陵兰大学、自然资源研究所等科研单位均在此处布局，汇聚了其国内北极建设的重要力量，能够为西北航道的开发提供依托。因此，格陵兰应该加强对西北航道的研究，建设沿岸观测基站，提高对航行期气温等各类天气气候要素资料的掌握，实现对航道沿线环境的高度关注；并在岛屿西侧积极进行西北航道配套设施建设，大力研发与布局沿岸电台、水下浮标、冰下机器人等设备，密切关注航道情况；还要积极推动对接港口的建设，以为迎接西北航道的发展机遇做好准备。一旦航道正式投入运营，格陵兰将能够通过航道进行其各种资源的进出口，服务于岛上的各项产业。

4.1.4 继续坚持渔业发展

格陵兰渔业是格陵兰目前最大的出口产业，虽然矿产与旅游业发展迅猛，但是较长的一段时间内，格陵兰渔业仍将是其保证国际存在感与影响力的重要支柱。在新的经济形势与发展机会下，格陵兰也应该促进渔业的优化升级。

首先，沿岸渔业是格陵兰重要的渔业经营方式，以家庭为生产单位，满足家庭的收入需求，但对于整个格陵兰的渔业发展而言，产量的提升主要依赖于企业主导的大型离岸渔业。因此，格陵兰应当鼓励渔业公司的发展，对其进行政策扶持，促成与国外公司的合资，以建立稳定的合作关系。其次，环境变暖使得一些温带鱼类向两极迁移[98]，为格陵兰带来了一些新的发展机会，格陵兰要加强对新渔种的分布规律与生活习性的研究，适当发展人工养殖。再次，格陵兰需重视渔业的辐射效应，加强对水产品加工业等渔业相关产业的重视，提高渔业的附加值；另外还需要加强捕捞技术的提升，加强对新的捕捞设备的研发，以更好地服务于渔业的发展[99]。

4.2 对中格合作的建议

近些年，中格往来趋于频繁。2012年，中国首个政府高级别代表团出访格陵兰，同格陵兰在多个层面签署合作协议，是建设中格合作道路上的里程碑式事件[100]；此后，中国企业积极将投资目光转向格陵兰，为建设中格友好往来关系提供强大助力；2017年，格陵兰自治政府总理金·吉尔森（Kim Kielsen）亲自访问中国，与中方相关组织和单位进行矿产开发、旅游、科学研究等多个领域的合作洽谈，表达了同中国展开合作的热切期盼，对中格之间的合作地位进行了新的提升[101]。

中格之间的合作进程也经历了一些阻挠：美国在格陵兰有重要的军事与科研力量部署，且极其看重格陵兰在地缘上对俄罗斯、加拿大的制衡意义，一直通过媒体渲染中国在格陵兰的“野心”、通过外交手段向丹麦施加压力；丹麦政府高度担忧中国的投资会推动格陵兰的独立进程，于2016年与2018年先后阻止了中国对丹麦一处海上基地的购买及对格陵兰机场建设项目的招标[102]。但因中格之间具有较多的利益共同点：我国具有格陵兰热切盼望的资金、技术、人才优势，在北极无军事意图，卷入北极政治争端的可能性较低；格陵兰拥有我国急需的各类自然资源，且具有可以充分利用的地理优势。中格合作整体上保持着稳步向前发展的趋势。

在我国北极政策、“冰上丝绸之路”倡议的影响之下，中格之间能够在多个层面实现战线统一，成为彼此值得依托的合作对象，共同构建出广阔的往来与互助空间。抓住同格陵兰的合作机遇，是我国实施北极政策、推进北极布局的关键。

4.2.1 加强科学技术合作

我国的定位属于近北极国家，最北端到北极圈的直线距离仅1 400 km，已经有研究表明，北极海冰的变化和我国北方冬季的气温状况产生强关联性[103-105]；北极涛动正在影响着我国北部区域强沙尘暴的发生频次、强度与分布规律[106]；北极气候的升温将影响我国的降水量，改变降水分布的格局，提高发生降水极端异常事件的可能性，将导致我国中纬度区域的地表多蒸发20%的水分（为300 ~ 400 mm），并可以显著地增加华北区域和西北区域的干旱程度，深刻影响着旱涝等自然灾害的发生[107]。因此，无论是基于我国提出的“人类命运共同体”建设的伟大构想，还是出自对我国自身安全与利益诉求的考量，我国都需要将开展北极气候变化研究放在北极开发建设方案重中之重的位置。同格陵兰加强科学技术合作，借助于格陵兰地处北极圈的优越性，为科学研究活动提供便利，推动气候变化研究进展。

格陵兰自身的资金、技术水平较低，虽然位于北极，但其对北极环境的观测能力相较于其他北极国家有较大差距，开展科考站点的共建、吸引外国的先进技术，符合格陵兰当下的经济和科技现状。目前，我国在北极的科考站包括位于挪威新奥尔松（NyAlesund）地区的黄河站（78°55′N，11°56′E）和冰岛北部的中－冰极光联合研究中心，我国政府正在积极推动在格陵兰建立科研基地，并于2017年10月在于冰岛雷克雅未克市（Reykjavík）举办的北极圈论坛大会（Arctic Circle Conference）上由中国研究人员对相关计划进行了概述[108]，如果项目顺利实施，将成为我国在北极进行各类科考活动的重要据点；此外，高校也在格陵兰地区推动展开建站合作项目，例如，2017年6月，北京师范大学启动了与格陵兰自然资源研究所和格陵兰电信公司的遥感卫星接收地面站共建项目，旨在实现我国对北极进行长期稳定的观测研究的科学诉求，有利于快速准确地获得北极气候变化的最新信息，从而对全球气候变化作出预测与反应，这将为我国对北极的观测进行有效的补充。

我国应该坚持目前在格陵兰地区的建站思路，充分利用格陵兰在地理位置上的优越条件，科学谋划科考站点的数量与布局，从而建立起北极大范围、可持续的观测网络，为极地力量深入北极进行近距离、长时间尺度的观测研究创造条件，以解决我国在北极科考中获得的气候、环境数据不足的问题，丰富和更新我国的北极信息资料库；丰富科考站的种类，不仅仅关注冰盖、海冰等极地地理要素的变化，也需要对北冰洋海洋酸化、海陆生物多样性变化、空气污染物构成等多个要素进行综合研究，创设长期稳定的合作研究机制和科研体系，发力解决目前所遇到的各类科学问题；在格陵兰建立研究基地或人才培养基地，建立我国北极科考活动的后勤补给基地，为我国的北极科考提供更好的保障。

4.2.2 加大对格陵兰投资力度

我国正在逐步增强对北极的关注，加快北极建设步伐，而格陵兰要实现突破式发展，对资金和技术也提出了更高的要求。中国增强对格陵兰的投资力度，有利于促成双方的发展与共赢。

第一，要加强对矿产开采领域的投资。格陵兰的铁矿、稀土等矿产资源对我国有极大的吸引力，而我国在格陵兰已经进行了矿业投资尝试，包括中国的江西中润矿业拥有卡尔斯贝格湾（Carlsberg Fjorden）铜矿及纳鲁纳克（Nalunaq）金矿 20% 的股权[37]；盛和资源与澳大利亚公司在格陵兰第一大稀土矿床、第六大铀矿床——库内西特（Kuannersuit）矿床合作进行了稀土资源的开发[109]；俊安集团拥有位于格陵兰西部的重要铁矿——费尔韦尔角（Isua）铁矿的全部开采权[110]。而格陵兰自 2011 年以来也每年派代表参加中国举办的矿业大会，谋求与中国相关企业的合作机会，表达了同中方共同开发格陵兰矿产资源的意愿[111]。中格双方在矿采领域的共识不断形成，催生出广阔的合作空间与前景。因此，我国应当抓住已有的合作基础，进一步加大对格陵兰矿业及油气资源开发的资金与资源投入，对技术进行提高创新，对仪器设施进行升级改造，并积极承担合作伙伴的责任，有规划、有系统地向格陵兰进行各项技术的传授和分享，从而与格陵兰建立友好的长期往来关系。

第二，要支持格陵兰的基础设施建设。航道开发对于我国来说意义重大，2017 年 8 月 30 日，“雪龙”号极地破冰船穿过此区域实现了对西北航道的首航，为西北航道的开发积累了宝贵经验，而西北航道一旦开通，我国到北美东岸的航程将是当前取道巴拿马运河的传统航线的 2/3，能够极大降低北大西洋和东北亚国家之间的航运时间与成本[97]。当前中国在西北航道的活动十分受限，而且加拿大国内对于我国关于西北航道的开发合作意愿保持着高度的警惕，若想通过与加拿大的协商合作以加强对西北航道的了解、获取西北航道变化信息、谋求对西北航道的利用机会，短期来看难度巨大，而格陵兰优越的地理位置恰好能为我国认识西北航道提供另外一个支点。在难以突破同加拿大的航道合作壁垒的情况下，我国应该先将目光转向格陵兰，同格陵兰合作进行沿岸基础设施的建设，发挥技术资金优势，支援格陵兰进行域内公路、铁路规划及建设布局，使得和航道配套的各项设施发展完备，提前为日后航道的利用做好准备。

第三，要加大同格陵兰的渔业合作。格陵兰渔业历史悠久，迄今为止仍然保持着支柱产业的地位，在格陵兰总出口中占据了90%以上的比率，而中国在海产品方面已经成为格陵兰的第二大出口市场，2017年间，仅仅皇家格陵兰一家海产公司就曾向中国出口了超过1亿美元的海产品。加强渔业合作，推动建立稳固的渔业合作条约，强化海产品进出口的便捷及优先性，有利于活跃双方的经济往来；格陵兰岛虽然渔业资源丰富，但岛上缺乏对捕鱼设备的生产能力，几乎全都依赖于进口，我国作为渔业大国，在渔业捕捞方面有较为丰富的经验，具备最先进的设备与技术，从这两个方面对格陵兰进行支持，是增强同格陵兰渔业合作的一个重要方式。

第四，随着中国居民对极地冒险和旅游的兴趣和需求逐渐增长，格陵兰可以作为重要的旅游合作对象。根据统计，目前中国每年赴格陵兰旅行的人数大约为1 300人[112]，还有巨大的上升潜力，而对于格陵兰而言，抓住中国北极旅游的热度，开展同中国的旅游业合作，是未来一个重要的经济发展方向，格陵兰政府也在大力进行中国游客的拓展。目前，格陵兰机场的扩建已经正式提上日程，这将极大地提升格陵兰的交通便利性，减轻因交通不便而给其旅游业带来的发展限制，使得格陵兰地区逐步摆脱“孤岛”的处境，成为和世界紧密联系的一部分。

此外，对于中国而言，格陵兰在日用品、小商品、通信设备等多个领域还有巨大的发展市场，加大投资力度，推进合作关系的全面布局，将促进实现中格伙伴关系健康平稳的发展。

4.2.3　加强教育合作与文化交流

教育是国际合作的重要黏合剂。教育与文化上的合作壁垒较低，便于开展，能够获得最大程度的支持和认同。格陵兰地广人稀，教育水平落后，长期的封闭导致国内高技术人才严重不足，而我国既然想同格陵兰建立良好的合作关系，也要在人才领域与其展开积极的沟通和交流。针对同格陵兰的人才交流合作，本书提出以下几点建议。

第一，设立专项基金，推出教育培训及援助计划，协同加强科技创新人才的培养，鼓励和支持优秀人才前往格陵兰。一方面，有助于我国的科研工作者实地前往北极一线，了解和掌握北极当地的最新动态和具体情况，以实现及时反馈，帮助国内进行相关政策的优化和调整；另一方面，能够对格陵兰本土青年进行培训与扶持，在当地传授一些先进的技术和经验，给当地包括矿业开采、航道建设在内的一些新兴高技术含量的工作以指导，从而推动格陵兰的工业化进程。通过这种方式，既实现了中国科技力量往北极的输送，又有利于在格陵兰本地培育出我国的科技盟友，促进实现科技人才的流动和集聚。

第二，为格陵兰人才前往我国提供便利和窗口。格陵兰国内只有一所大学，大多数学生选择前往丹麦完成高等教育阶段的学业。而我国既然要同格陵兰建立良好的合作关系，就应该充分发挥我国在教育方面的资金与资源等优势，除了输送我国的人才至格陵兰地区，也可为格陵兰留学生来我国交流设置更多的机会，为其在我国的学习提供便利。

第三，尝试开展联合办学，发展双边交流平台。北极环境正在并将长期处于变化的状态之中，我国和格陵兰的合作关系也应该不断保持推进。为了提高人才交流的效率，建议能够设立有组织、成规模的双边创新合作中心，结合中格在不同时期的具体情况及利益诉求，合办实验室，设置联合课程，以更好地为双方的极地事业提供便利。我国近两年在开展同格陵兰的双边合作方面取得了重要进展。2018 年 10 月，格陵兰教育、文化、宗教和对外事务部与北京师范大学中国高校极地联合研究中心在冰岛雷克雅未克市共同组织“中国 – 格陵兰北极科学研讨会”，这是中格科学家之间的第一次当面交流，开启了中格之间相互交流及科技合作的崭新篇章，为带动我国同格陵兰在其他领域的交流往来打下了极其重要的基础。双边交流平台有望成为我国和格陵兰进行人才交流、信息对接、成果分享的重要形式，为北极领域的创新合作提供更多的机会[113]。

第四，强调文化交流的意义。目前我们的关注重点更多集中在科技、航道、贸易、自然科学教育等领域，而文化信仰、价值体系等意识形态层面的互动较为缺乏。但文化交流相较于政策、贸易的合作，具有轻盈、灵活与稳定的属性。格陵兰具有独特的原住民历史和文化，通过文化交流的方式获得原住民在感情上的认可和接受，能够促进我国在北极建设的顺利开展，不仅有利于增加对原住民文化的认识，建立和原住民之间友好和谐的合作关系，更有利于维护、促进和弘扬世界文明与文化的丰富化与多样性。因此，建议积极同格陵兰进行传统文化与历史方面的交流和探讨，加强对文化对接的重视，做到既弘扬和传播我国的文化与意识理念，同时慎重权衡我国文化传播与格陵兰本地文明保护之间的关系，帮助原住民在接受外来文化冲击的同时保存和传扬其特殊的文化传统，维护其价值观念和精神信仰，并帮助其制订完备的本族文化保护计划与方案。

4.2.4 加强对格陵兰原住民的关注

人是发展的主体，《中国的北极政策》中阐述了北极原住民在处理北极事务中的突出地位与作用[93]，然而在过去一段时间的实践过程中，相较于在政治、经济、科技方面的投入，我国在处理和格陵兰原住民的关系、增强和原住民的沟通往来方面重视不足。2018 年 10 月，第二次北极科学部长级会议在德国举行，日本代表在会上分享了其北极建设成果，展示了其在原住民社区进行宣传的图片，着重强调其对于北极原住民的重视，以及在和原住民的交互方面取得的突出进展，给我国提供了借鉴和启发。

格陵兰地区是因纽特人的典型聚居区，在我们利用北极环境变化带来的机遇而走近格陵兰的同时，原住民见证外国企业和资本的进入、矿产资源的开发，面临着生活方式、环境状况改变等诸多不确定性，处于抓住外来建设机遇与保护原始环境之间的矛盾中，同时也面临着对于空前快速的工业化进程的担忧，以及因对外来投资者具体方案欠缺了解而带来的困惑。原住民的声音是格陵兰最重要的声音，其政治利益诉求及民众情感直接影响着格陵兰地区的对外政策与社会前进方向，原住民的生活情况与情感态度是我们在进行格陵兰投资时需要同步甚至提前关注的问题。

4.2.4.1 关注原住民实际生活

加强对原住民关注，首先要关注其实际生活，为他们创造就业空间与就业机会。格陵兰工业发展较晚，原住民在历史上一直保持了自给自足的传统生活状态，环境变化给格陵兰带来了新的发展机遇，但同时也对格陵兰传统的以狩渔为主的生活方式造成了冲击。在2012年底，Isua铁矿工程欲从国内引入3 000名矿工，希望能够借助于中国矿工的经验而提升开采效率，就曾在格陵兰引起了巨大争议[37]：矿业的发展导致大量外籍工人的涌入，非但没有带来更多的就业机会，反而使得格陵兰居民面临更大的就业竞争，就业压力增大，并且需要他们承担外来人口对其传统社会结构的冲击。我国进行格陵兰投资与北极建设，应该全力避免这种情况的出现，将北极原住民的权益放在重中之重的位置。一方面，尽力让原住民参与到北极建设中来，在我国的北极项目中为其创造就业机会，传授先进的经验和技术，帮助其提升对快速发展的工业社会的适应能力；另一方面，在展开一切经济活动和开发行为之前均需要确认对当地的潜在影响，采用各类预防举措，规避开发项目对原住民生存状况和生活环境的破坏，明确与完善原住民参与收益分配的原则与对原住民的补偿政策，保证北极区域稳定与社会环境和谐。

4.2.4.2 关注原住民情感

加强对原住民的关注，还要关注原住民情感。建议大力发展专门的原住民对接组织或者研究机构，积极开展非政府间的交互活动，凭借其灵活性与亲民性为我国的北极外交提供新的支点。参考日本同原住民之间的交往模式，积极展开社区外交活动。在格陵兰地区，除了较少的人口生活在零散分布的聚居点外，大多数原住民集中居住在西南沿岸的几个大型城镇，且人口总量较少，以实地走访、社区交流的方式普及我国的北极建设理念与北极合作构想，具有充分的可行性。重视原住民力量，倾听原住民声音，能够实现同格陵兰原住民的民心相通，促进格陵兰外交布局的完善，促进建立中格之间从政府到民众、自上而下全面的友好外交关系。

4.3 本章小结

本章将自然科学与社会科学相结合，在认识格陵兰地理情势的基础上，给出格陵兰未来因地制宜的发展建议，重点从环境变化研究、矿业布局、西北航道建设和渔业发展四个方面展开讨论；并充分考虑我国的北极政策及“冰上丝绸之路”倡议，探讨中格未来的利益共同点、合作方向及合作前景，认为我国应该重视与格陵兰的交流，从科学技术、格陵兰投资、教育文化交流及原住民四个方面展开重点关注，从而以格陵兰为支点，加快我国的北极建设进程，更好地实现中格双赢。

第5章 结论与展望

5.1 工作总结

格陵兰是全球范围内除了南极洲以外面积最大的永久性冰盖覆盖区。随着全球变暖，格陵兰的地理环境发生剧烈变化，也将对全球气候产生剧烈影响；同时也正是在全球变暖的背景之下，格陵兰冰盖进入了加速融化的阶段，北极航道的开通趋势日益明显。格陵兰将凭借其优越的地理位置以及丰富的油气与矿产资源在未来的世界经济中发挥巨大作用。卫星遥感数据在进行极地大规模制图中有不可取代的作用，利用卫星遥感数据制作格陵兰岛全图，有利于加强对格陵兰地区的认识，并为制定格陵兰进一步的发展规划奠定基础。

本书提出了一种利用 Landsat-8 遥感影像进行格陵兰制图的新思路与方法，相较于以往的格陵兰制图方法，具有图像色彩质量高、展示地物信息更详尽的优势；得到了最新的 30 m 分辨率覆盖格陵兰岛的全图，对格陵兰地表峡湾、冰川等自然地理要素进行了更新，并对城镇、机场人文地理指标进行了标注，能够服务于格陵兰自然与社会研究；还基于地图，对格陵兰重点融化区域、矿产分布、人口分布等情况进行了讨论，对格陵兰自然地理与人文地理情势进行了系统论述。

本研究从格陵兰地理情势向外延伸，贯彻交叉学科的理念，将自然科学与社会科学相结合，充分发挥格陵兰全图对于认识格陵兰的社会意义与发展指导意义。建议格陵兰在当前的地理情势下，抓住机遇，重点关注环境变化研究、矿业布局、西北航道建设与渔业发展四个领域。本研究结合我国的北极政策及“冰上丝绸之路”倡议，提出我国和格陵兰在北极环境研究、矿产开发及航道建设等多个领域利益相通，应当重视格陵兰未来在北极域内的价值，加强科学技术合作、加大投资力度、加强文化交流、并积极为格陵兰原住民创造福祉，以实现双方的共同发展。

5.2 展望

本书利用 Landsat-8 卫星遥感数据，基于新的遥感制图方法，在格陵兰的大力支持下，得到了覆盖格陵兰岛的 30 m 分辨率全图，实现了对格陵兰地物的详尽展示及地图资料的更新，并依托于地理情势进行发展规划方面的讨论，有一定的创新性，但也存在一些不足，具体如下。

在当前的大规模遥感制图中，综合考虑地物的覆盖范围与精度需要，应用最广的为 30 m 分辨率数据，本研究所选择的 Landsat-8 数据刚好符合这一精度要求。但相较于 Sentinel 卫星的

10 m 分辨率，QuickBird 卫星的 0.61 m 分辨率，此精度的图像不能进行道路、街道等精细地物的识别，在进行城镇规划等社会应用中存在一些局限性。

本书以格陵兰地图为基础，进行地理情势分析，并展开关于格陵兰未来发展及中格未来合作方向的讨论。但分析程度尚浅，未来应当进一步加强对政策方面的深入研究，更好地进行自然科学和社会科学之间的结合。

参考文献

[1] Stroeve J C, Serreze M C, Holland M M, et al. The Arctic's rapidly shrinking sea ice cover: a research synthesis[J]. Climatic Change, 2012, 110(3–4): 1005–1027.

[2] Johannessen O M, Shalina E V, Miles M W. Satellite Evidence for an Arctic Sea Ice Cover in Transformation[J]. Science, 1999, 286(5446): 1937–1939.

[3] Kwok R, Rothrock D A. Decline in Arctic sea ice thickness from submarine and ICESat records: 1958—2008[J]. Geophysical Research Letters, 2009, 36(15): 1958–2008.

[4] Cosimo J C, Parkinson C L, Gersten R, et al. Accelerated decline in the Arctic sea ice cover[J]. Geophysical Research Letters, 2008, 35(1): 179–210.

[5] Emery W, Maslanik J A, Fowler C, et al. A younger, thinner Arctic ice cover: Increased potential for rapid, extensive sea–ice loss[J]. Geophysical Research Letters, 2007, 34(24): 497–507.

[6] Chen J L, Wilson C R, Tapley B D. Satellite gravity measurements confirm accelerated melting of Greenland ice sheet[J]. Science, 2006, 313(5795): 1958–1960.

[7] Velicogna I. Increasing rates of ice mass loss from the Greenland and Antarctic ice sheets revealed by GRACE. Geophys Res Lett 36(L19503)[J]. Geophysical Research Letters, 2009, 36(19): 158–168.

[8] 北极问题研究编写组 . 北极问题研究 [M]. 北京 : 海洋出版社 , 2011.

[9] 王星东 , 潘少华 , 王成 , 等 . 基于 FY–3 的格陵兰岛冰盖表面冻融探测方法研究 [J]. 极地研究 , 2017, 29(03): 420–426.

[10] Cuffey K M, Marshall S J. Substantial contribution to sea–level rise during the last interglacial from the Greenland ice sheet[J]. Nature, 2000, 404(6778): 591.

[11] Gregory J, Huybrechts P. Ice–sheet contributions to future sea–level change[J]. Philosophical Transactions of the Royal Society A: Mathematical, Physical and Engineering Sciences, 2006, 364(1844): 1709–1732.

[12] Kleist M. Greenland's self–government[J]. Polar law textbook, 2010: 171.

[13] Gad U P. Greenland: a post–Danish sovereign nation state in the making[J]. Cooperation and Conflict, 2014, 49(1): 98–118.

[14] 肖洋 . 格陵兰 : 丹麦北极战略转型中的锚点? [J]. 太平洋学报 , 2018, 26(6): 78–86.

[15] Porsild E. Greenland at the Crossroads[J]. Arctic, 1948, 1(1): 53–57.

[16] 程晓 . 新时代 "冰上丝绸之路" 战略与可持续发展 [J]. 人民论坛 · 学术前沿 , 2018, (11): 6–12.

[17] Krabill W, Frederick E, Manizade S, et al. Rapid Thinning of Parts of the Southern Greenland Ice Sheet[J].

Science, 1999, 283(5407): 1522-1524.

[18] Hanna E, Huybrechts P, Steffen K, et al. Increased runoff from melt from the Greenland Ice Sheet: a response to global warming[J]. Journal of Climate, 2008, 21(2): 331-341.

[19] Rignot E, Box J E, Burgess E, et al. Mass balance of the Greenland Ice Sheet from 1958 to 2007[J]. Geophysical Research Letters, 2008, 35(20): 67-76.

[20] Mernild S H, Mote T L, Liston G E. Greenland ice sheet surface melt extent and trends: 1960—2010[J]. Journal of Glaciology, 2011, 57(57): 621-628.

[21] Hu A, Meehl G A, Han W, et al. Influence of continental ice retreat on future global climate[J]. Journal of Climate, 2013, 26(10): 3087-3111.

[22] Hu A, Meehl G A, Han W, et al. Effect of the potential melting of the Greenland Ice Sheet on the Meridional Overturning Circulation and global climate in the future[J]. Deep Sea Research Part Ⅱ: Topical Studies in Oceanography, 2011, 58(17-18): 1914-1926.

[23] Herzfeld U C, Mcdonald B, Wallin B F, et al. Elevation changes and dynamic provinces of Jakobshavn Isbræ, Greenland, derived using generalized spatial surface roughness from ICESat GLAS and ATM data[J]. Journal of Glaciology, 2014, 60(223): 834-848.

[24] Muresan I, Khan S, Aschwanden A, et al. Glacier dynamics over the last quarter of a century at Jakobshavn Isbræ[J]. Cryosphere Discussions, 2015, 9(5).

[25] Smith L C, Chu V W, Yang K, et al. Efficient meltwater drainage through supraglacial streams and rivers on the southwest Greenland ice sheet[J]. Proceedings of the National Academy of Sciences, 2015, 112(4): 1001-1006.

[26] 冯贵平，王其茂，宋清涛．基于 GRACE 卫星重力数据估计格陵兰岛冰盖质量变化 [J]. 海洋学报，2018, 40(11): 73-84.

[27] 王星东，段智永，王成，等．物理模型结合 SVM 的格陵兰岛冰盖冻融探测 [J]. 西安科技大学学报，2017, 37(06): 912-918.

[28] 张焱，李新武，梁雷．基于微波散射计的格陵兰冰盖冻融探测方法研究 [J]. 遥感技术与应用，2017, 32(01): 113-120.

[29] 马跃，阳凡林，王明伟，等．利用 GLAS 激光测高仪计算格陵兰冰盖高程变化 [J]. 红外与激光工程，2015, 44(12): 3565-3569.

[30] Bindschadler, Robert, Vornberger, et al. The Landsat Image Mosaic of Antarctica[J]. Remote Sensing of Environment, 2008, 112(12): 4214-4226.

[31] Holland D M, Thomas R H, De Young B, et al. Acceleration of Jakobshavn Isbrae triggered by warm subsurface ocean waters[J]. Nature geoscience, 2008, 1(10): 659.

[32] Steffen K, Nghiem S, Huff R, et al. The melt anomaly of 2002 on the Greenland Ice Sheet from active and passive microwave satellite observations[J]. Geophysical Research Letters, 2004, 31(20).

[33] Khvorostovsky K S. Merging and analysis of elevation time series over Greenland Ice Sheet from satellite radar altimetry[J]. IEEE Transactions on Geoscience and Remote Sensing, 2012, 50(1): 23–36.

[34] Slobbe D, Lindenbergh R, Ditmar P. Estimation of volume change rates of Greenland's ice sheet from ICESat data using overlapping footprints[J]. Remote Sensing of Environment, 2008, 112(12): 4204–4213.

[35] Sandberg Sørensen L, Simonsen S B, Nielsen K, et al. Mass balance of the Greenland ice sheet (2003—2008) from ICESat data - the impact of interpolation, sampling and firn density[J]. The Cryosphere, 2011, 5: 173–186.

[36] 贾凌霄 . 北极地区油气资源勘探开发现状 [N]. 中国矿业报 , 2017-07-14.

[37] 潘敏 , 王梅 . 格陵兰自治政府的矿产资源开发与中国参与研究 [J]. 太平洋学报 , 2018, 26(07): 88–98.

[38] 吴雷钊 , 水潇 . 北极格陵兰岛矿产及油气资源勘查开发现状以及中国参与的相关建议 [J]. 国土资源情报 , 2017, (09): 51–56.

[39] 郭培清 , 王俊杰 . 格陵兰独立问题的地缘政治影响 [J]. 现代国际关系 , 2017, (08): 62–68.

[40] 肖洋 . "冰上丝绸之路"的战略支点——格陵兰"独立化"及其地缘价值 [J]. 和平与发展 , 2017, (06): 113–128, 134.

[41] 张乐磊 . 格陵兰与丹麦关系的历史演进与现实挑战 [J]. 南通大学学报 : 社会科学版 , 2016, 32(5): 81–86.

[42] 贺学 , 张瑶 , 康龙丽 . 格陵兰岛因纽特人饮食和气候适应性的遗传特征 [J]. 国外医学・医学地理分册 , 2016, 37(03): 283–286.

[43] 李冬妮 , 汪琴 . 高分辨率遥感卫星影像的制图应用探讨 [J]. 江西测绘 , 2014, (1): 40–42.

[44] 陈军 , 陈晋 , 廖安平 , 等 . 全球 30 m 地表覆盖遥感制图的总体技术 [J]. 测绘学报 , 2014, (6): 551–557.

[45] Defries R S, Townshend J R G. NDVI–derived land cover classifications at a global scale[J]. International Journal of Remote Sensing, 1994, 15(17): 3567–3586.

[46] Hansen M C, Defries R S, Townshend J R G, et al. Taylor & Francis Online: Global land cover classification at 1 km spatial resolution using a classification tree approach – International Journal of Remote Sensing – Volume 21, Issue 6–7[J]. International Journal of Remote Sensing, 2000, 21(6–7): 1331–1364.

[47] Loveland T R, Reed B C, Brown J F, et al. Development of a global land cover characteristics database and IGBP DISCover from 1 km AVHRR data[J]. International Journal of Remote Sensing, 2000, 21(6–7): 1303–1330.

[48] Friedl M A, Mciver D K, Hodges J C F, et al. Global land cover mapping from MODIS: algorithms and early results[J]. Remote Sensing of Environment, 2002, 83(1): 287–302.

[49] Corresponding E B, Belward A S. GLC2000: a new approach to global land cover mapping from Earth observation data[J]. International Journal of Remote Sensing, 2005, 26(9): 1959–1977.

[50] Uperp–Eapap. Land cover assessment and monitoring, vocabulary, volume 1–A, Overrall Methodological Framework and Summary[J]. Bankok: UNEP–EAPAP, 1995.

[51] Rosenqvist Å, Shimada M, Chapman B, et al. The Global Rain Forest Mapping project – a review[J]. International Journal of Remote Sensing, 2000, 21(6–7): 1375–1387.

[52] Townshend J, Masek J, Chengquanhuang, et al. Global characterization and monitoring of forest cover using Landsat data: opportunities and challenges[J]. International Journal of Digital Earth, 2012, 5(5): 373–397.

[53] Hansen M, Potapov P, Margono B, et al. Response to comment on "High-resolution global maps of 21st-century forest cover change" [J]. Science, 2014, 342(6187): 850–853.

[54] 廖克，成夕芳，吴健生，等．高分辨率卫星遥感影像在土地利用变化动态监测中的应用 [J]. 测绘科学，2006, 31(6): 11–15.

[55] Gong P, Wang J, Yu L, et al. Finer resolution observation and monitoring of global land cover: First mapping results with Landsat TM and ETM+ data[J]. International Journal of Remote Sensing, 2013, 34(7): 2607–2654.

[56] Gong P, Liu H, Zhang M, et al. Stable classification with limited sample: transferring a 30-m resolution sample set collected in 2015 to mapping 10-m resolution global land cover in 2017[J]. Science Bulletin, 2019, 64(6):370–373.

[57] 傅肃性．遥感专题分析与地学图谱 [M]. 北京：科学出版社，2002.

[58] 朱大仁．中国地图册 [M]. 北京：中国地图出版社，1999.

[59] Merson R. An AVHRR mosaic image of Antarctica[J]. International Journal of Remote Sensing, 1989, 10(4–5): 669–674.

[60] Nishio F, Comiso J C. The polar sea ice cover from aqua/AMSR-E[C]. IEEE International Geoscience & Remote Sensing Symposium, 2005.

[61] Hui F M, Cheng X, Liu Y, et al. An improved Landsat Image Mosaic of Antarctica[J]. Science China Earth Sciences, 2013, 56(1): 1–12.

[62] Walker D A, Raynolds M K, Daniëls F J, et al. The circumpolar Arctic vegetation map[J]. Journal of Vegetation Science, 2005, 16(3): 267–282.

[63] Howat I M, Negrete A, Smith B E. The Greenland Ice Mapping Project (GIMP) land classification and surface elevation datasets[J]. Cryosphere Discussions, 2014, 8(1): 453–478.

[64] Warren S G. Optical properties of snow[J]. Reviews of Geophysics, 1982, 20(1): 67–89.

[65] Aoki T. Reflection properties of snow surfaces[M]. Springer, 2013.

[66] Dozier J, Green R O, Nolin A W, et al. Interpretation of snow properties from imaging spectrometry[J]. Remote Sensing of Environment, 2009, 113(supp-S1): 0–0.

[67] Masonis S J, Warren S G. Gain of the AVHRR visible channel as tracked using bidirectional reflectance of Antarctic and Greenland snow[J]. International Journal of Remote Sensing, 2001, 22(8): 1495–1520.

[68] Warren S G, Brandt R E, Hinton P O R. Effect of surface roughness on bidirectional reflectance of Antarctic snow[J]. Journal of Geophysical Research Planets, 1998, 103(E11): 25789 - 25807.

[69] 龚声蓉，刘纯平．数字图像处理与分析 [M]. 北京：清华大学出版社，2006.

[70] Lloyd J M, Kuijpers A, Long A, et al. Foraminiferal reconstruction of mid-to late-Holocene ocean circulation and

climate variability in Disko Bugt, West Greenland[J]. The Holocene, 2007, 17(8): 1079–1091.

[71] Krabill W, Abdalati W, Frederick E, et al. Greenland ice sheet: High–elevation balance and peripheral thinning[J]. Science, 2000, 289(5478): 428–430.

[72] Pelto M, Hughes T, Brecher H. Equilibrium state of Jakobshavns Isbræ, West Greenland[J]. Annals of glaciology, 1989, 12: 127–131.

[73] Meier M, Post A. Fast tidewater glaciers[J]. Journal of Geophysical Research: Solid Earth, 1987, 92(B9): 9051–9058.

[74] Pfeffer W. A simple mechanism for irreversible tidewater glacier retreat[J]. Journal of Geophysical Research: Earth Surface, 2007, 112(F3).

[75] Vieli A, Nick F M. Understanding and modelling rapid dynamic changes of tidewater outlet glaciers: issues and implications[J]. Surveys in Geophysics, 2011, 32(4–5): 437–458.

[76] Box J E, Steffen K. Sublimation on the Greenland ice sheet from automated weather station observations[J]. Journal of Geophysical Research: Atmospheres, 2001, 106(D24): 33965–33981.

[77] Box J E, Yang L, Bromwich D H, et al. Greenland ice sheet surface air temperature variability: 1840—2007[J]. Journal of Climate, 2009, 22(14): 4029–4049.

[78] Rignot E, Fenty I, Menemenlis D, et al. Spreading of warm ocean waters around Greenland as a possible cause for glacier acceleration[J]. Annals of glaciology, 2012, 53(60): 257–266.

[79] Straneo F, Sutherland D A, Holland D, et al. Characteristics of ocean waters reaching Greenland's glaciers[J]. Annals of glaciology, 2012, 53(60): 202–210.

[80] 揭秘地球最北端的军事基地——美军格陵兰岛图勒空军基地 [J], 2017.

[81] Seroussi H, Morlighem M, Rignot E, et al. Ice flux divergence anomalies on 79north Glacier, Greenland[J]. Geophysical Research Letters, 2011, 38(9).

[82] Reeh N, Mayer C, Miller H, et al. Present and past climate control on fjord glaciations in Greenland: Implications for IRD - deposition in the sea[J]. Geophysical Research Letters, 1999, 26(8): 1039–1042.

[83] Wilson N J, Straneo F. Water exchange between the continental shelf and the cavity beneath Nioghalvfjerdsbræ (79 North Glacier) [J]. Geophysical Research Letters, 2015, 42(18): 7648–7654.

[84] Reeh N, Thomsen H H, Higgins A K, et al. Sea ice and the stability of north and northeast Greenland floating glaciers[J]. Annals of glaciology, 2001, 33: 474–480.

[85] Khan S A, Kjær K H, Bevis M, et al. Sustained mass loss of the northeast Greenland ice sheet triggered by regional warming[J]. Nature Climate Change, 2014, 4(4): 292.

[86] Kang Y, Smith L C. Supraglacial Streams on the Greenland Ice Sheet Delineated From Combined Spectral – Shape Information in High–Resolution Satellite Imagery[J]. IEEE Geoscience & Remote Sensing Letters, 2013, 10(4): 801–805.

[87] 黄烨 . 中国民企接管格陵兰项目 [N]. 国际金融报 . 2015.

[88] Gautier D L. Assessment of undiscovered oil and gas resources of the East Greenland Rift Basins Province[R]. Geological Survey (US), 2007.

[89] 冯杨伟 , 杨晨艺 , 屈红军 , 等 . 东格陵兰陆架油气地质特征及勘探潜力 [J]. 海洋地质前沿 , 2013, 29(4): 27–32.

[90] 俄罗斯国际事务委员会 . 北极地区：国际合作问题 第二卷 [M]. 熊友奇等 , 译 . 北京 : 世界知识出版社 , 2016.

[91]《辽宁经济》编辑部 . 世界著名的自然保护区 [J]. 辽宁经济 , 2015, (05): 22–23.

[92] 老散 . 北极并不遥远 难忘的格陵兰伊卢利萨特之旅 [J]. 中国西部 , 2014, (35): 88–97.

[93] 中华人民共和国国务院新闻办公室 . 中国的北极政策 [EB/OL]. (2018–01–26)[2019–10–08]. http://www.xinhuanet.com/politics/2018–01/26/c_1122320088.htm.

[94] 潘敏 , 夏文佳 . 论环境变化对北极原住民经济的影响——以加拿大因纽特人为例 [J]. 中国海洋大学学报 (社会科学版), 2013, (01): 27–34.

[95] Kerr R A. Ice–free arctic sea may be years, not decades, away: American Association for the Advancement of Science, 2012.

[96] 陈瑜 . 北极西北航道航行指南出版 [EB/OL]. (2016–05–08)[2019–10–08]. http://news.sciencenet.cn/htmlnews/2016/5/345383.shtm.

[97] 郑雷 . "一带一路" 视野下北极西北航道的航行自由问题 [J]. 中国远洋海运 , 2018, (1): 28.

[98] Cheung W W, Lam V W, Sarmiento J L, et al. Projecting global marine biodiversity impacts under climate change scenarios[J]. Fish and fisheries, 2009, 10(3): 235–251.

[99] 张然 , 林龙山 , 邱卫华 , 等 . 格陵兰渔业及其受气候变化的影响 [J]. 渔业信息与战略 , 2013, 28(02): 155–161.

[100] 国家海洋局 . 国土资源部长、海洋局长访问丹麦气候、能源和建筑部 [EB/OL]. (2012–04–26)[2019–10–08]. http://www.ccchina.org.cn/Detail.aspx?newsId=29597&TId=66.

[101] 丹麦驻华大使馆 . 格陵兰部长代表团圆满访华，期待加深同中国合作 [EB/OL]. (2017–11–03)[2018–10–10]. http://www.sohu.com/a/202104813_168841.

[102] 俄罗斯卫星通讯社 . 丹麦准备在格陵兰机场建设方面与中国竞争 [EB/OL]. (2018–06–16)[2019–10–08]. http://sputniknews.cn/opinion/201806161025671994/.

[103] 武炳义 , 卞林根 , 张人禾 . 冬季北极涛动和北极海冰变化对东亚气候变化的影响 [J]. 极地研究 , 2004, 16(3): 211–220.

[104] Liu J, Curry J A, Wang H, et al. Impact of declining Arctic sea ice on winter snowfall[J]. Proceedings of the National Academy of Sciences, 2012, 109(11): 4074–4079.

[105] 解小寒 , 杨修群 . 冬季北极海冰面积异常与中国气温变化之间的年际关系 [J]. 南京大学学报 (自然科学版), 2006, (06): 549–561.

[106] 宋连春，俞亚勋，孙旭映，等．北极涛动与我国北方强沙尘暴的关系 [J]. 高原气象，2004, 23(6): 835-839.

[107] 翟虎渠．农业概论．第 2 版 [M]. 北京：高等教育出版社，2006.

[108] The Diplomat-The Many Roles of Greenland in China's Developing Rrctic Policy-Chinese engagement with Greenland will be an important test case for the country's Arctic policy[EB/OL]. https://thediplomat.com/2018/03/the-many-roles-of-greenland-in-chinas-developing-arctic-policy/.

[109] The (Many) Roles of Greenland in China's Developing Arctic Policy[EB/OL]. https://thediplomat.com/2018/03/the-many-roles-of-greenland-in-chinas-developing-arctic-policy/.

[110] 华尔街见闻．俊安集团接手格陵兰铁矿项目争夺北极圈资源 [EB/OL]. (2015-01-12)[2019-10-08]. http://finance.sina.com.cn/china/20150112/ 115821276367.shtml.

[111] Denmark and Greenland confirm uranium agreements[J], 2016.

[112] 中国侨网．丹麦驻华使馆“格陵兰日”：格陵兰总理欢迎中国客 [EB/OL]. (2017-11-01)[2019-10-08]. http://www.chinaqw.com/hqly/2017/11-01/166791.shtml.

[113] 北京师范大学全球变化与地球系统科学研究院．首届“中国 - 格陵兰北极科学研讨会”在冰岛成功举办 [EB/OL].（2018-10-25）[2019-10-08]. http://gcess.bnu.edu.cn/xwkx/199413.html.

格陵兰图集

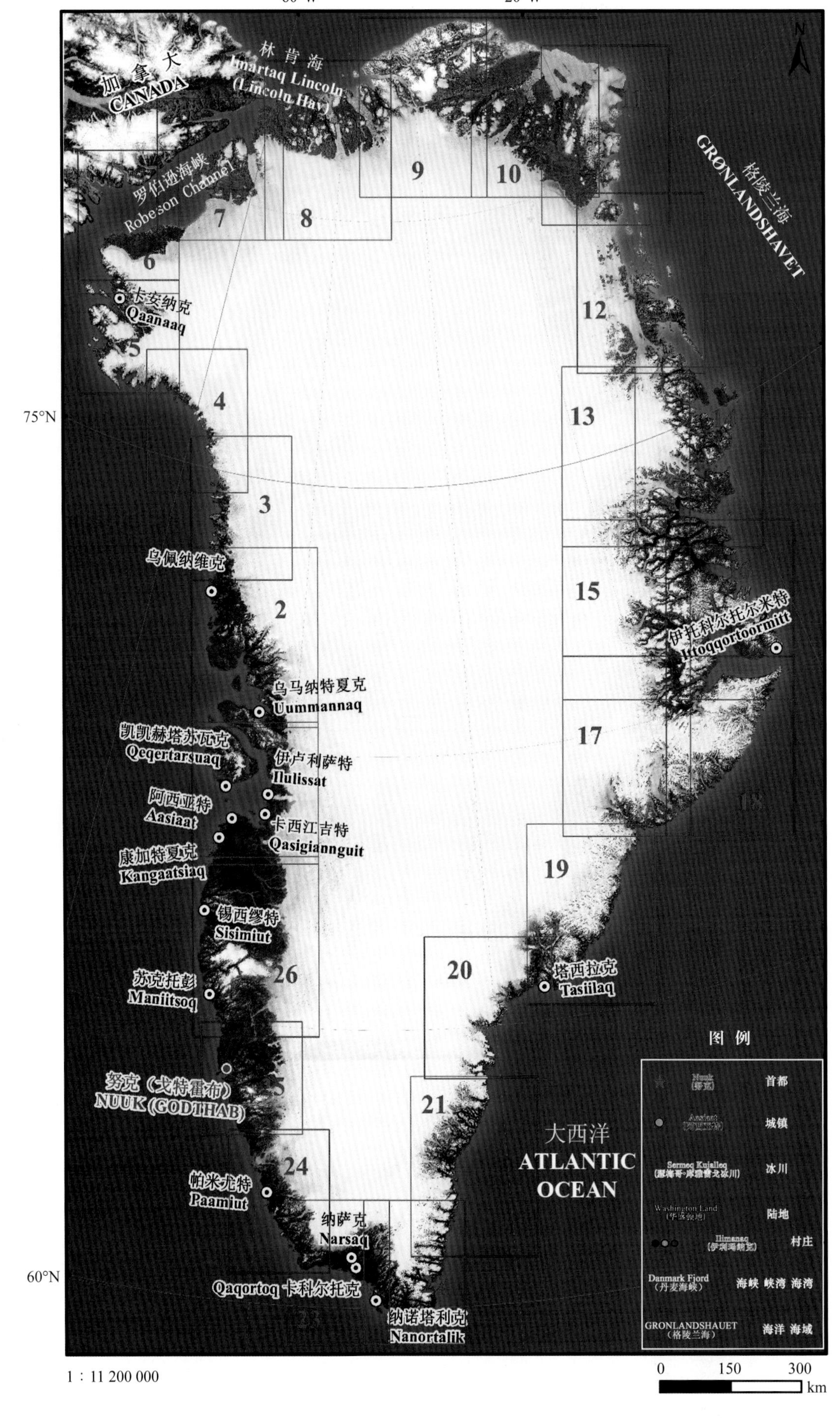

60°W
20°W
75°N
60°N
加拿大
CANADA
林肯海
Inmartaq Lincoln
(Lincoln Hav)
罗伯逊海峡
Robeson Channel
格陵兰海
GRØNLANDSHAVET
卡安纳克
Qaanaaq
乌佩纳维克
乌马纳特夏克
Uummannaq
凯凯赫塔苏瓦克
Qeqertarsuaq
伊卢利萨特
Ilulissat
阿西亚特
Aasiaat
卡西江吉特
Qasigiannguit
康加特夏克
Kangaatsiaq
锡西缪特
Sisimiut
苏克托彭
Maniitsoq
努克（戈特霍布）
NUUK (GODTHAB)
帕米尤特
Paamiut
纳萨克
Narsaq
Qaqortoq 卡科尔托克
纳诺塔利克
Nanortalik
伊托科尔托尔米特
Ittoqqortoormiit
塔西拉克
Tasiilaq
大西洋
ATLANTIC
OCEAN
4
3
2
5
6
7
8
9
10
12
13
15
17
19
20
21
24
26
图 例
首都
城镇
冰川
陆地
村庄
Danmark Fjord
（丹麦海峡）
海峡 峡湾 海湾
GRONLANDSHAUET
（格陵兰海）
海洋 海域
1：11 200 000
0
150
300
km

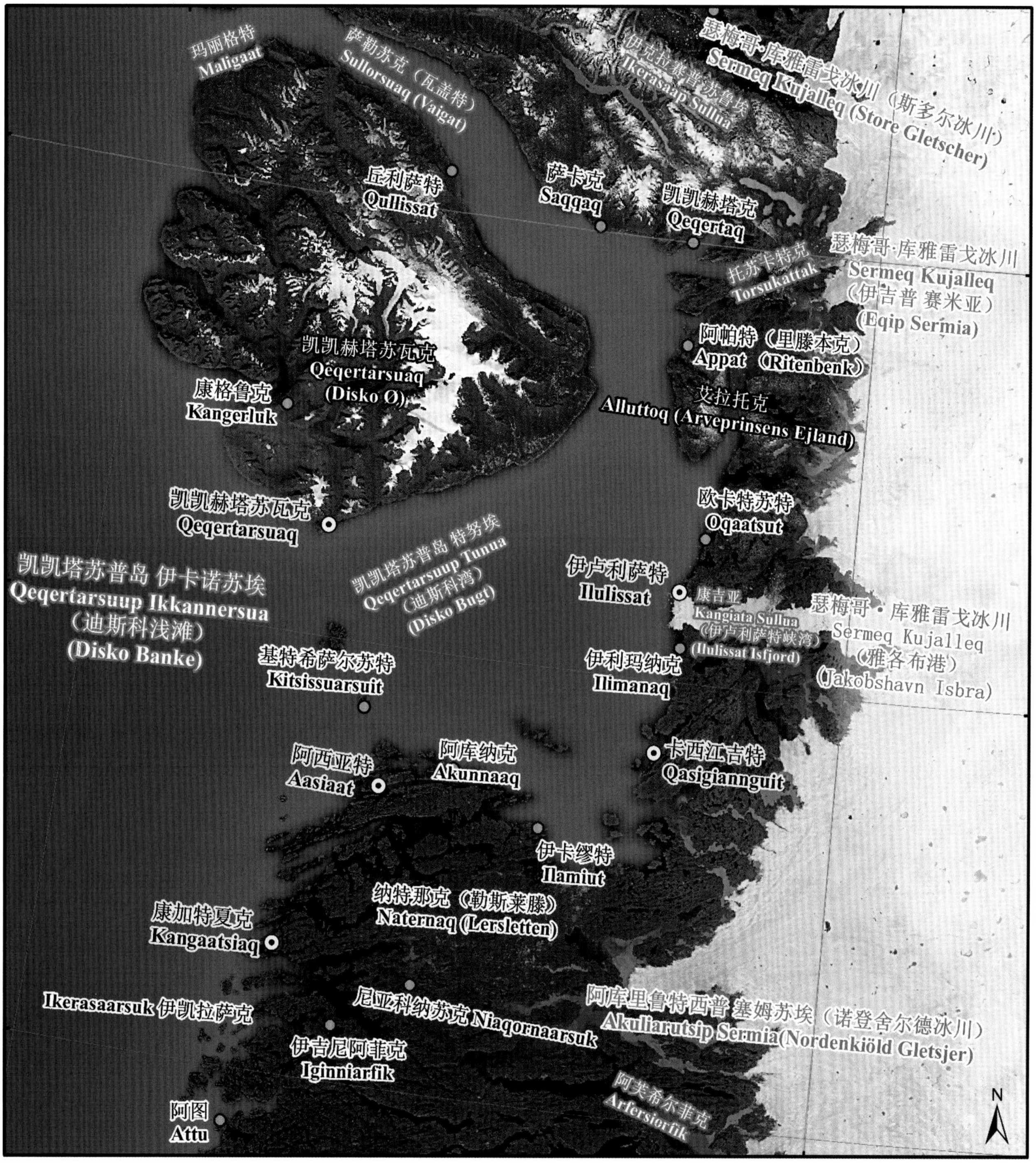

55°W 50°W

70°N 69°N 68°N

玛丽格特 Maligaat
萨勒苏克（瓦盖特） Sullorsuaq (Vaigat)
瑟梅哥·库雅雷戈冰川（斯多尔冰川） Sermeq Kujalleq (Store Gletscher)
伊克拉萨普苏鲁埃 Ikerasaap Sullua
丘利萨特 Qullissat
萨卡克 Saqqaq
凯凯赫塔克 Qeqertaq
托苏卡特克 Torsukattak
瑟梅哥·库雅雷戈冰川 Sermeq Kujalleq（伊吉普 赛米亚）(Eqip Sermia)
阿帕特（里滕本克）Appat (Ritenbenk)
凯凯赫塔苏瓦克 Qeqertarsuaq (Disko Ø)
康格鲁克 Kangerluk
艾拉托克 Alluttoq (Arveprinsens Ejland)
凯凯赫塔苏瓦克 Qeqertarsuaq
欧卡特苏特 Oqaatsut
凯凯塔苏普岛 特努埃 Qeqertarsuup Tunua（迪斯科湾）(Disko Bugt)
凯凯塔苏普岛 伊卡诺苏埃 Qeqertarsuup Ikkannersua（迪斯科浅滩）(Disko Banke)
伊卢利萨特 Ilulissat
康吉亚 Kangiata Sullua（伊卢利萨特峡湾）(Ilulissat Isfjord)
瑟梅哥·库雅雷戈冰川 Sermeq Kujalleq（雅各布港）(Jakobshavn Isbra)
伊利玛纳克 Ilimanaq
基特希萨尔苏特 Kitsissuarsuit
阿西亚特 Aasiaat
阿库纳克 Akunnaaq
卡西江吉特 Qasigiannguit
伊卡缪特 Ilamiut
纳特那克（勒斯莱滕）Naternaq (Lersletten)
康加特夏克 Kangaatsiaq
Ikerasaarsuk 伊凯拉萨克
尼亚科纳苏克 Niaqornaarsuk
阿库里鲁特西普 塞姆苏埃（诺登舍尔德冰川）Akuliarutsip Sermia(Nordenkiöld Gletsjer)
伊吉尼阿菲克 Iginniarfik
阿芙希尔菲克 Arfersiorfik
阿图 Attu
N

1：1 500 000

0 20 40 km

51°W 50°W

69°15′ N 69° N

伊卢利萨特 Ilulissat

1：1 100 000

0 10 20 km

雅各布港冰川（Jakobshavn Isbræ, Jakobshavn Glacier），又名伊卢利萨特冰川，位于格陵兰岛西岸伊卢利萨特市境内，北极圈以北 250 km。雅各布港冰川是格陵兰最大的注出冰川之一，同时也是流速最快的冰川之一，其排水流域占整个格陵兰冰原的 6.5%。

在全球变暖的大背景下，雅各布港冰川周边大气温度及海洋温度迅速上升，据研究显示，近 30 年内雅各布港冰川的冰川前缘退缩距离已经超过了 16 km，其中 2001—2012 年间该冰川的平均退缩速率高达 1 334.1 m/a。除此以外，近年来雅各布港冰川的冰厚及冰流速也均有显著增加。

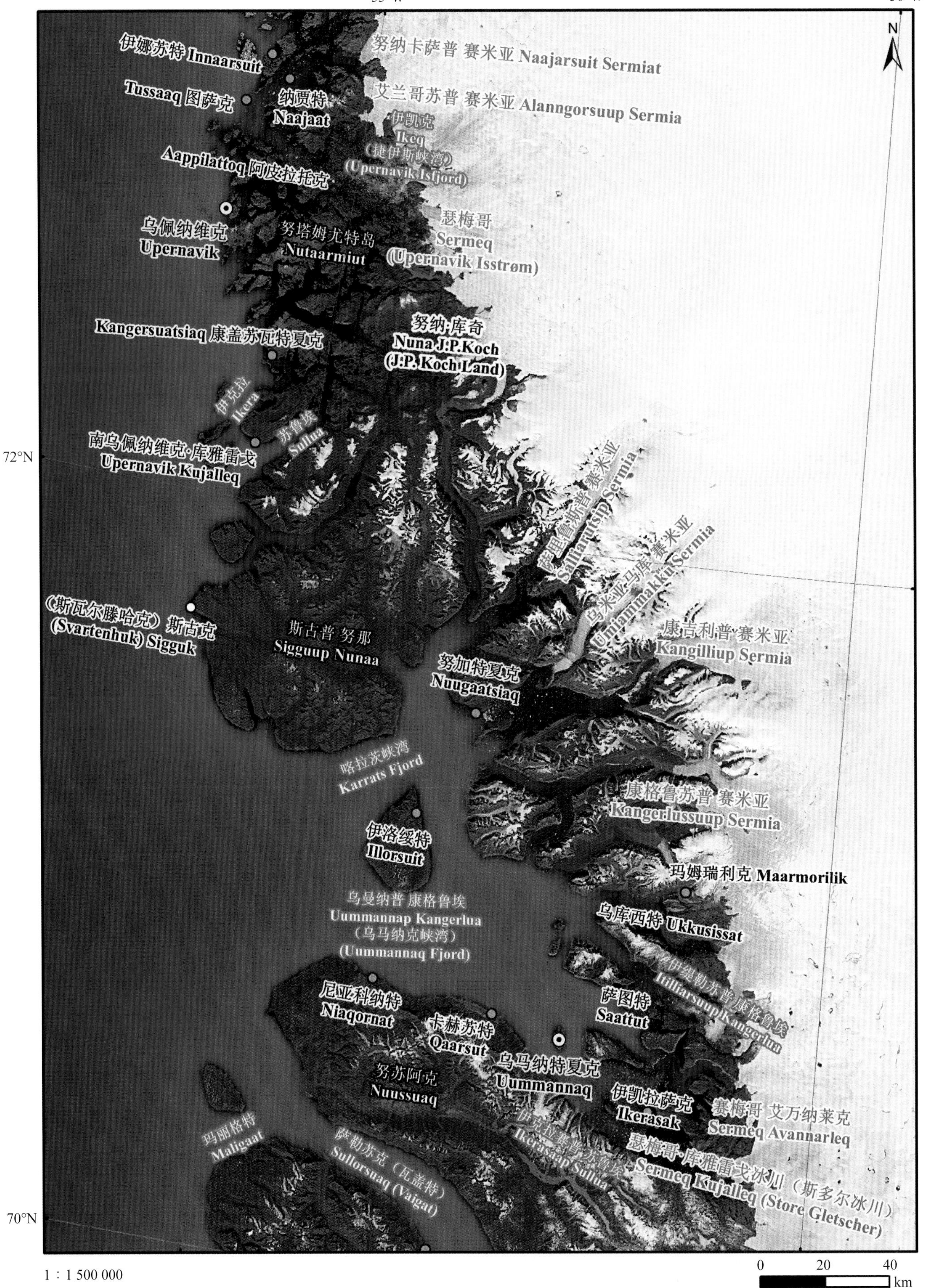

55°W
50°W
N
伊娜苏特 Innaarsuit
努纳卡萨普 赛米亚 Naajarsuit Sermiat
Tussaaq 图萨克
纳贾特
Naajaat
艾兰哥苏普 赛米亚 Alanngorsuup Sermia
伊凯克
Ikeq
（捷伊斯峡湾）
(Upernavik Isfjord)
Aappilattoq 阿皮拉托克
乌佩纳维克
Upernavik
努塔姆尤特岛
Nutaarmiut
瑟梅哥
Sermeq
(Upernavik Isstrøm)
Kangersuatsiaq 康盖苏瓦特夏克
努纳·库奇
Nuna J.P.Koch
(J.P. Koch Land)
伊克拉
Ikera
苏鲁埃
Sullua
南乌佩纳维克·库雅雷戈
Upernavik Kujalleq
72°N
Salliarutsip Sermia
Umiammakku Sermia
（斯瓦尔滕哈克）斯古克
(Svartenhuk) Sigguk
斯古普 努那
Sigguup Nunaa
康吉利普 赛米亚
Kangilliup Sermia
努加特夏克
Nuugaatsiaq
喀拉茨峡湾
Karrats Fjord
康格鲁苏普 赛米亚
Kangerlussuup Sermia
伊洛绥特
Illorsuit
玛姆瑞利克 Maarmorilik
乌曼纳普 康格鲁埃
Uummannap Kangerlua
（乌马纳克峡湾）
(Uummannaq Fjord)
乌库西特 Ukkusissat
Illulirsuup Kangerlua
尼亚科纳特
Niaqornat
萨图特
Saattut
卡赫苏特
Qaarsut
乌马纳特夏克
Uummannaq
努苏阿克
Nuussuaq
伊凯拉萨克
Ikerasak
赛梅哥 艾万纳莱克
Sermeq Avannarleq
玛丽格特
Maligaat
萨勒苏克（瓦盖特）
Sullorsuaq (Vaigat)
Ikerasaap Sullua
瑟梅哥·库雅雷戈冰川（斯多尔冰川）
Sermeq Kujalleq (Store Gletscher)
70°N
1 : 1 500 000
0
20
40
km

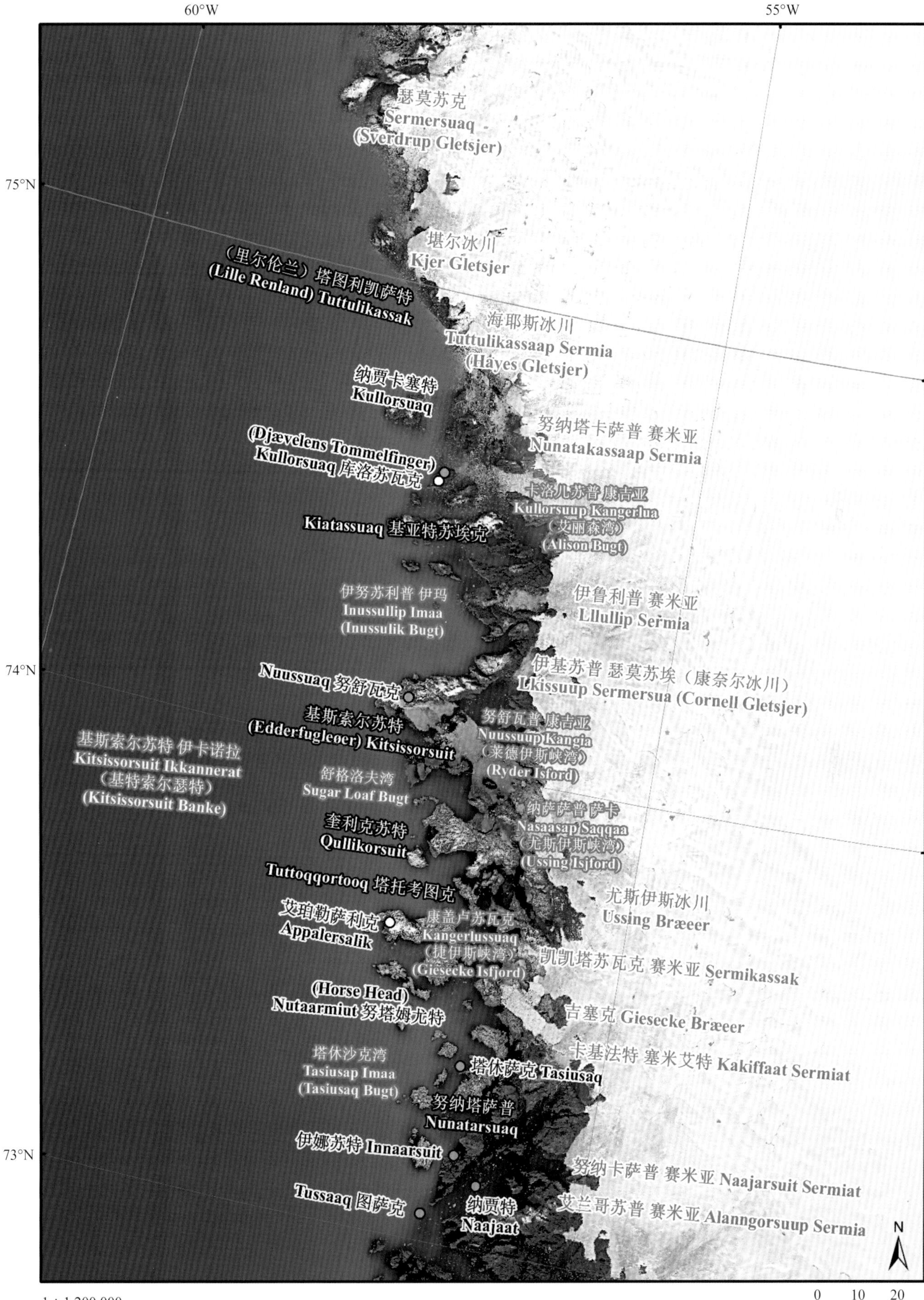
60°W
55°W
75°N
74°N
73°N
瑟莫苏克
Sermersuaq
(Sverdrup Gletsjer)
堪尔冰川
Kjer Gletsjer
（里尔伦兰）塔图利凯萨特
(Lille Renland) Tuttulikassak
海耶斯冰川
Tuttulikassaap Sermia
(Hayes Gletsjer)
纳贾卡塞特
Kullorsuaq
努纳塔卡萨普 赛米亚
Nunatakassaap Sermia
(Djævelens Tommelfinger)
Kullorsuaq 库洛苏瓦克
卡洛儿苏普 康吉亚
Kullorsuup Kangerlua
（艾丽森湾）
(Alison Bugt)
Kiatassuaq 基亚特苏埃克
伊努苏利普 伊玛
Inussullip Imaa
(Inussulik Bugt)
伊鲁利普 赛米亚
Llullip Sermia
伊基苏普 瑟莫苏埃（康奈尔冰川）
Lkissuup Sermersua (Cornell Gletsjer)
Nuussuaq 努舒瓦克
基斯索尔苏特
(Edderfugleøer) Kitsissorsuit
努舒瓦普 康吉亚
Nuussuup Kangia
（莱德伊斯峡湾）
(Ryder Isfjord)
基斯索尔苏特 伊卡诺拉
Kitsissorsuit Ikkannerat
（基特索尔瑟特）
(Kitsissorsuit Banke)
舒格洛夫湾
Sugar Loaf Bugt
纳萨萨普 萨卡
Nasaasap Saqqaa
（尤斯伊斯峡湾）
(Ussing Isjford)
奎利克苏特
Qullikorsuit
Tuttoqqortooq 塔托考图克
尤斯伊斯冰川
Ussing Bræer
艾珀勒萨利克
Appalersalik
康盖卢苏瓦克
Kangerlussuaq
（捷伊斯峡湾）
(Giesecke Isfjord)
凯凯塔苏瓦克 赛米亚 Sermikassak
(Horse Head)
Nutaarmiut 努塔姆尤特
吉塞克 Giesecke Bræer
卡基法特 塞米艾特 Kakiffaat Sermiat
塔休沙克湾
Tasiusap Imaa
(Tasiusaq Bugt)
塔休萨克 Tasiusaq
努纳塔萨普
Nunatarsuaq
伊娜苏特 Innaarsuit
努纳卡萨普 赛米亚 Naajarsuit Sermiat
Tussaaq 图萨克
纳贾特
Naajaat
艾兰哥苏普 赛米亚 Alanngorsuup Sermia
N
1：1 200 000
0 10 20
km

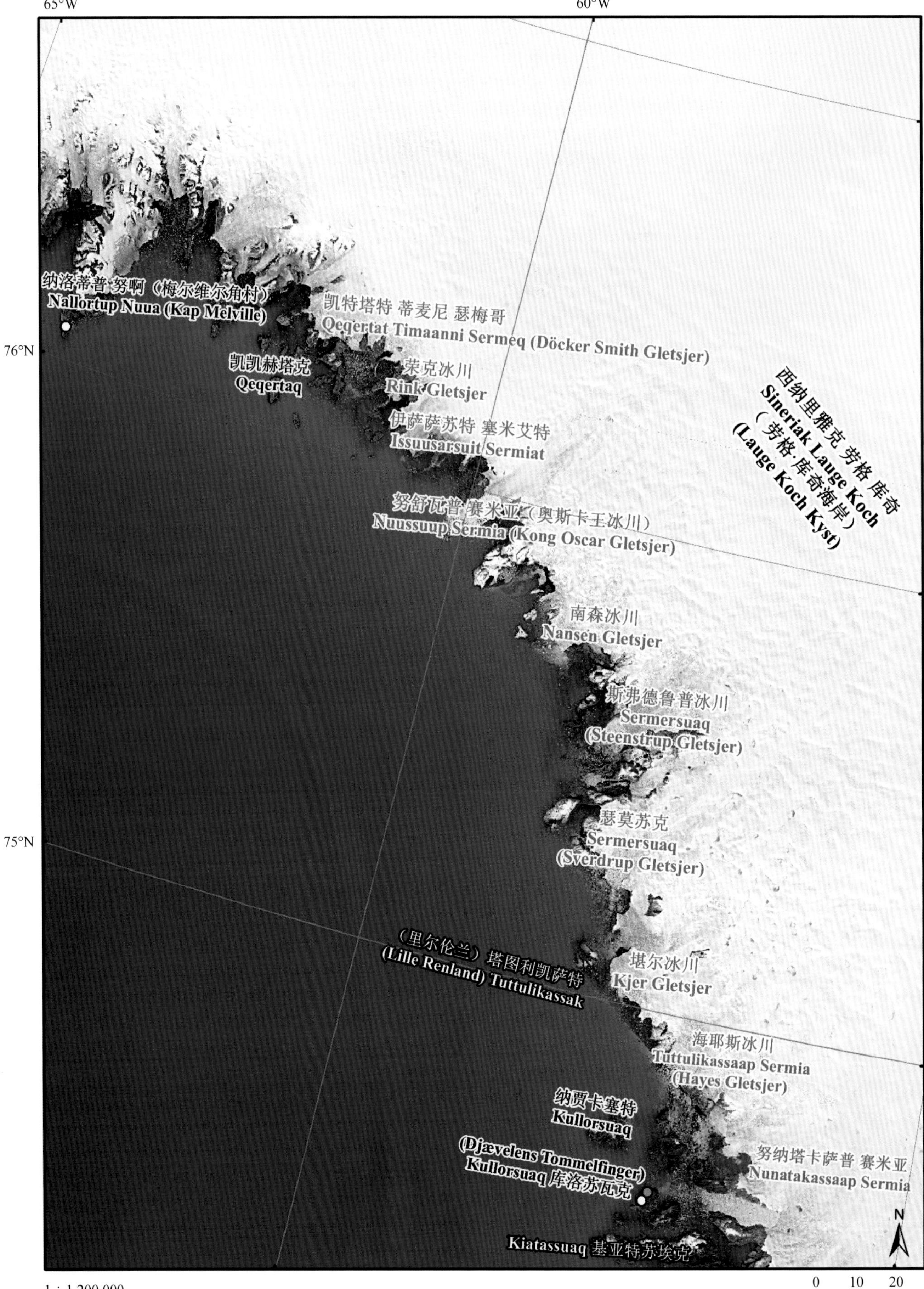
65°W
60°W
76°N
75°N
纳洛蒂普 努啊（梅尔维尔角村）
Nallortup Nuua (Kap Melville)
凯特塔特 蒂麦尼 瑟梅哥
Qeqertat Timaanni Sermeq (Döcker Smith Gletsjer)
凯凯赫塔克
Qeqertaq
荣克冰川
Rink Gletsjer
伊萨萨苏特 塞米艾特
Issuusarsuit Sermiat
西纳里雅克 劳格 库奇
Sineriak Lauge Koch
（劳格·库奇海岸）
(Lauge Koch Kyst)
努舒瓦普 赛米亚（奥斯卡王冰川）
Nuussuup Sermia (Kong Oscar Gletsjer)
南森冰川
Nansen Gletsjer
斯弗德鲁普冰川
Sermersuaq
(Steenstrup Gletsjer)
瑟莫苏克
Sermersuaq
(Sverdrup Gletsjer)
（里尔伦兰）塔图利凯萨特
(Lille Renland) Tuttulikassak
堪尔冰川
Kjer Gletsjer
海耶斯冰川
Tuttulikassaap Sermia
(Hayes Gletsjer)
纳贾卡塞特
Kullorsuaq
(Djævelens Tommelfinger)
Kullorsuaq 库洛苏瓦克
努纳塔卡萨普 赛米亚
Nunatakassaap Sermia
Kiatassuaq 基亚特苏埃克
N
1：1 200 000
0 10 20
km

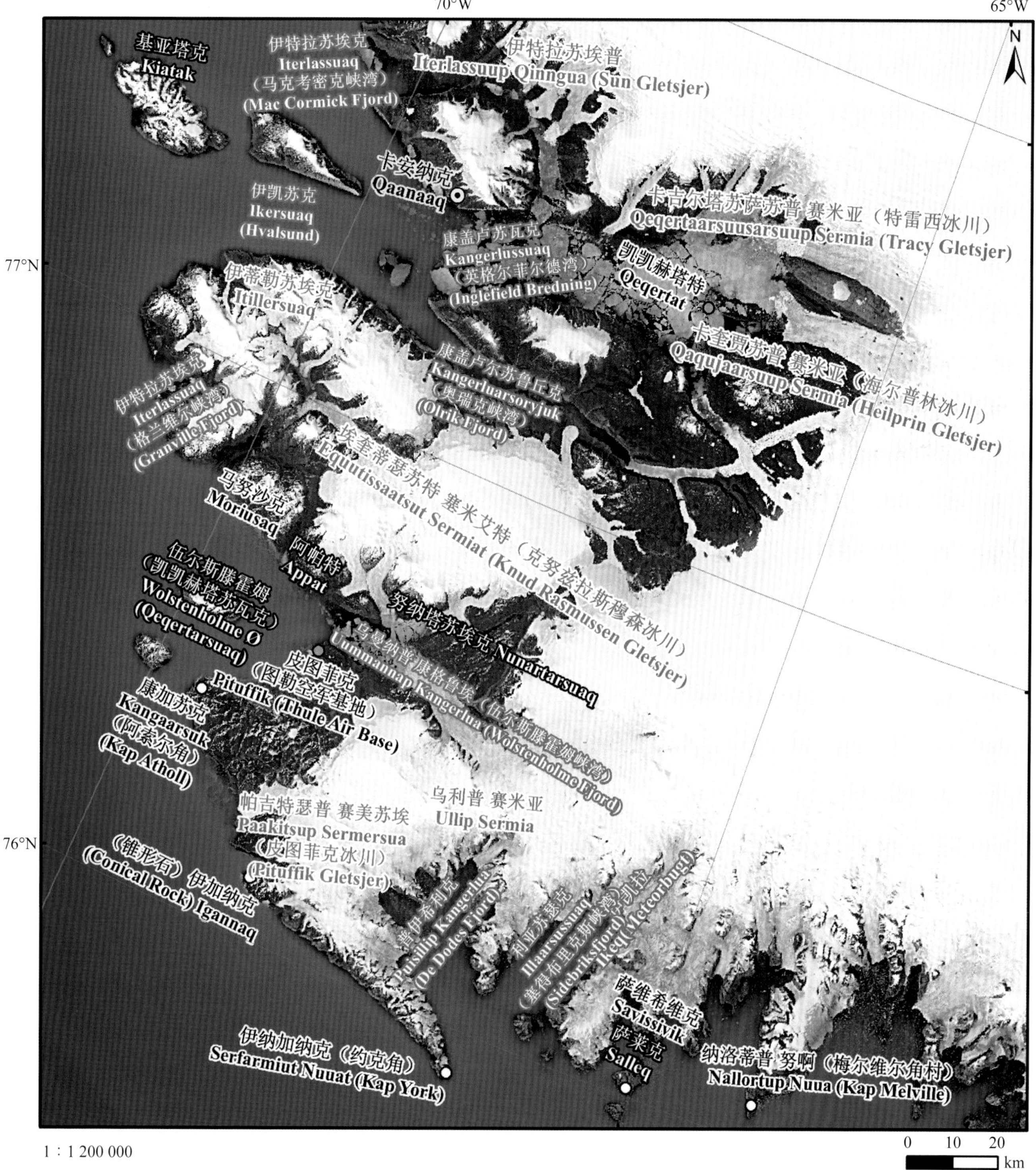

1 ∶ 1 200 000

美军格陵兰岛图勒空军基地（Pituffik，Thule Air Base），位于北极圈以北 1 207 km 的格陵兰岛西北海岸上、图勒（Thule）北部 60 km 处，是美军地球上最北端的空军基地和通信中心。该军事基地建设初期的主要任务是为北美航空航天防务司令部和空军太空司令部提供导弹预警情报、空间监视以及空间控制（处理航班等）。

随着近年来科技的不断发展与全球环境变化持续加剧，目前该军事基地已经向美国科学家敞开大门以供北极科学考察与北极科学研究项目使用。

75°W
70°W
79°N
78°N

加拿大
CANADA

罗伯逊海峡
Robeson Channel

凯恩海
Ikersuaq
(Kane Bassin)

卡玛费普 努阿
Anorituup Nuua
(Kap Inglefield)

史密斯海峡
Smith Sund

伊塔（英格尔菲尔德角）
Iita (Etah)

阿弯纳里特地
Avannarliit
(Inglefield Land)

乌勒苏埃克
Ullersuaq
（亚历山大角）
(Kap Alexander)

道奇冰川
Dodge Gletsjer

阿芙尔鲁费普 赛米亚（迪比奇冰川）
Arfalluarfiup Sermia (Diebitsch Gletsjer)

纳吉普 赛米亚（莫里斯杰塞普冰川）
Neqip Sermia (Morris Jesup Gletsjer)

Siorapaluk 肖拉帕卢克

基亚塔克
Kiatak

伊特拉苏埃克
Iterlassuaq
（马克考密克峡湾）
(Mac Cormick Fjord)

伊特拉苏埃普
Iterlassuup Qinngua (Sun Gletsjer)

N

1：1 200 000

0 10 20
km

70°W
60°W
81°N
80°N
79°N
加拿大
CANADA
塔图帕卢克
Tartupaluk
罗伯逊海峡
Robeson Channel
华盛顿地
Washington Land
皮特曼冰川
Petermann Glacier
凯恩海
Ikersuaq
(Kane Bassin)
瑟莫苏克
Sermersuaq
（亨博尔特冰川）
(Humboldt Gletsjer)
努纳 克努兹拉斯穆森
Nuna Knud Rasmussen
(Knud Rasmussen Land)
N
1：1 500 000
0 20 40 km

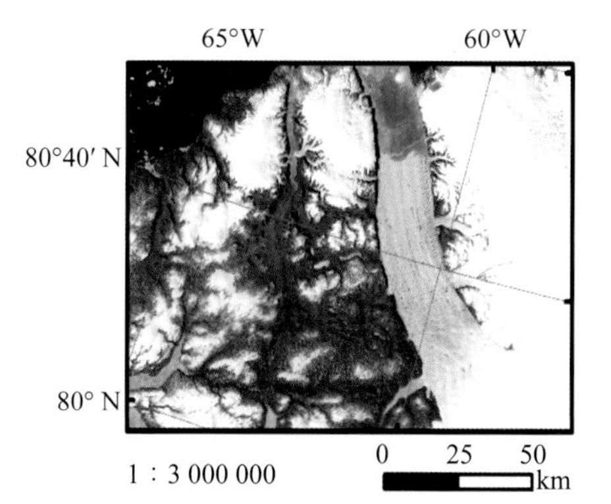

皮特曼冰川（Petermann Glacier），位于格陵兰岛西北部努纳克努兹拉斯穆森与华盛顿地附近，是格陵兰北部最大的注出冰川之一和变化最剧烈的冰川之一。

在 2012 年全球异常高温时，位于格陵兰西北部的皮特曼冰川中部出现了一个半月形裂缝。随后该冰川发生了剧烈的崩解现象，并经过崩解得到了面积高达 119 km^2 的 PII–2012 巨型冰山断块。PII–2012 巨型冰山对当地船只通航、渔业发展均造成了巨大影响。

区域 8

60°W
50°W
82°N
81°N
80°N
林肯海
Inartaq Lincoln
(Kincoln Hav)
南森地
Nansen Land
尼邦地
Nyboe Land
莱德冰川
Ryder Gletsjer
奥斯滕菲尔德冰川
C.H. Ostenfeld Gletsjer
努纳克努兹拉斯穆森
Nuna Knud Rasmussen
(Knud Rasmussen Land)
N
1：1 500 000
0
20
40
km

40°W
30°W
北冰洋
ARCTIC OCEAN
Kap Morris Jesup 坎普莫里斯杰瑟普
弗雷德里克·E.海德峡湾
Frederick E.Hyde Fjord
83°N
南森地
Nansen Land
皮里地
Peary Land
弗雷彻地
Freuchen Land
82°N
奥斯滕菲尔德冰川
C.H. Ostenfeld Gletsjer
努纳 库恩吉萨克 弗雷德里克
Nuna Kunngissaq Frederik
(Kronprins Frederik Land)
81°N
N

1：1 500 000

0 20 40
km

25°W
20°W
15°W
10°W
83°N
82°N
81°N

万德尔海
Wandel Hav

皮里地
Peary Land

独立海峡
Independence Fjord

诺尔站
Station Nord

克里斯滕森地
J.C. Christensen Land

丹麦海峡
Danmark Fjord

克莱普润斯·克里斯蒂安地
（克里斯琴太子地）
Nuna Kunngi Christian
(Kronprins Christian Land)

麦丽丝·埃里克森地
Mylius-Erichsen Land

N

1：1 500 000

0 20 40 km

15°W
10°W
5°W
82°N
81°N
80°N
万德尔海
Wandel Hav
诺尔站
Station Nord
瑙德斯图宁恩 Nordostrundingen
丹麦海峡
Danmark Fjord
克莱普润斯·克里斯蒂安地
(克里斯蒂安王子地)
Numa Kunngi Christian
(Kronprins Christian Land)
爱斯基摩楠斯
Eskimonæs
霍乌高岛
Hovgaard Ø
尼欧格七十峡湾
Nioghalvfjerdsfjorden
托比亚普·恺恺尔泰
Tuppiap Qeqertai
(托比亚斯岛)
(Tobias Øer)
N
1：1 500 000
0
20
40
km

20°W
15°W
79°N
78°N
77°N
察哈里埃伊斯特罗姆冰川
Zachariae Isstrøm
乔凯尔峡湾
Jøkelbugten
努纳库恩吉 弗雷德里克 八世
Nuna Kunngi Frederik VIII
(Kong Frederik VIII Land)
凯凯尔泰克普林斯亨利
Qeqertaq Prins Henrik
（法兰西岛）
(Île de France)
斯甘峡湾
Skærfjorfen
日耳曼尼亚地
Germania Land
斯托斯特门
Strostrømmen
丹麦港考察站
Danmarkshavn
达夫湾
Dove Bugt
大科勒韦岛
Store Koldewey
大带岛
Storebælt
Nuna Dronning Louise
海斯塔克 Haystack
N
1 : 1 500 000
0 20 40
km

25°W
20°W
76°N
75°N
74°N
海斯塔克 Haystack
马格雷西二世地
Nunat Dronning Margrethe II
（女王马格雷西二世地）
(Dronning Margrethe II Land)
康格拉 凯杰瑟 弗兰茨·约瑟夫
Kangerluk Kejser Franz Joseph
于玛岛
Ymer Ø
努纳 库恩吉 克里斯琴 五世
Nuna Kunngi Christian X
(Kong Christian X Land)
N

1：1 500 000

0 20 40 km

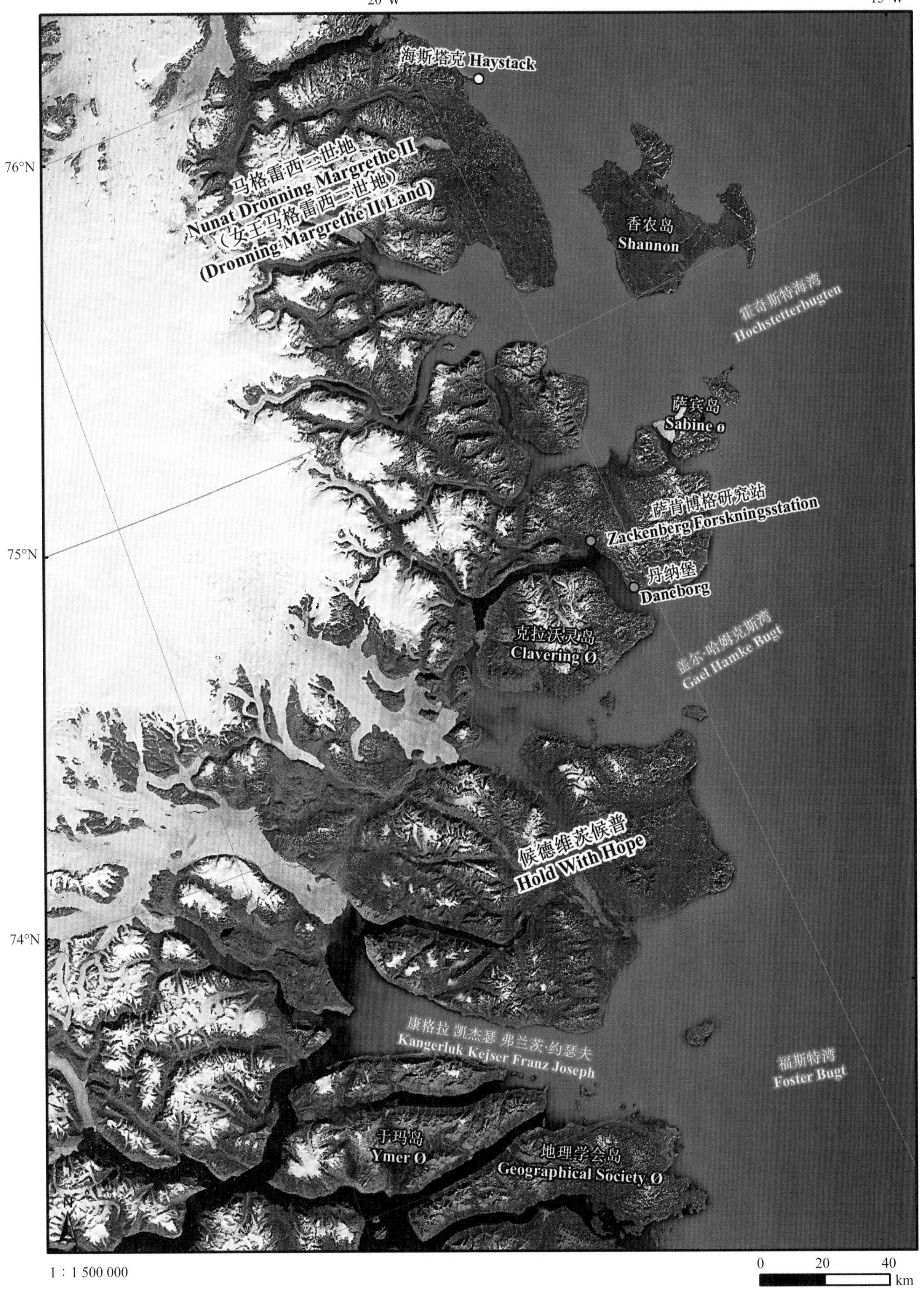
20°W
15°W
76°N
75°N
74°N
海斯塔克 Haystack
马格雷西二世地
Nunat Dronning Margrethe II
（女王马格雷西二世地）
(Dronning Margrethe II Land)
香农岛
Shannon
霍奇斯特海湾
Hochstetterbugten
萨宾岛
Sabine ø
萨肯博格研究站
Zackenberg Forskningsstation
丹纳堡
Daneborg
克拉沃灵岛
Clavering Ø
盖尔·哈姆克斯湾
Gael Hamke Bugt
候德维茨候普
Hold With Hope
康格拉 凯杰瑟 弗兰茨·约瑟夫
Kangerluk Kejser Franz Joseph
福斯特湾
Foster Bugt
于玛岛
Ymer Ø
地理学会岛
Geographical Society Ø
1：1 500 000
0
20
40
km

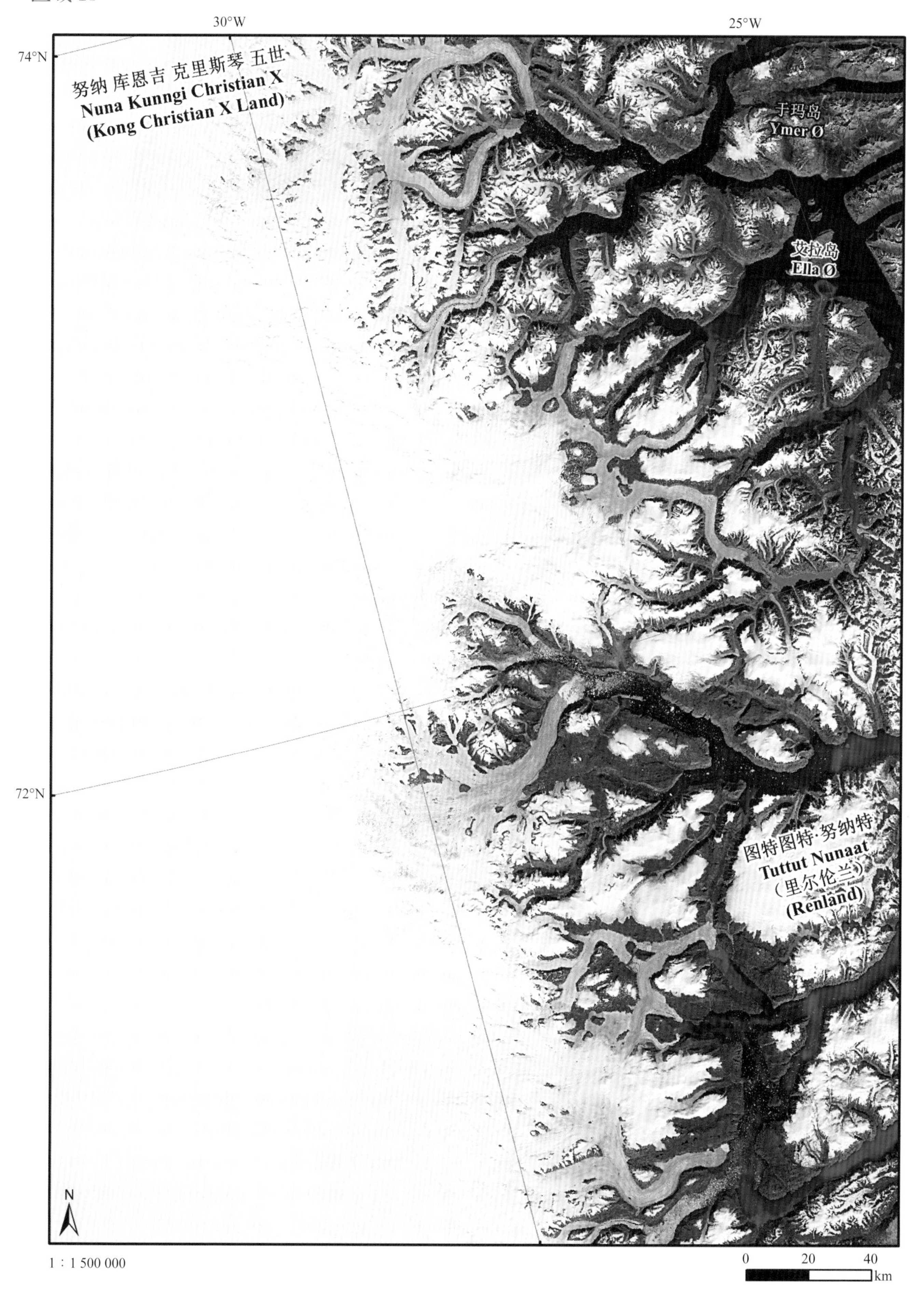
30°W
25°W
74°N
72°N
努纳 库恩吉 克里斯琴 五世
Nuna Kunngi Christian X
(Kong Christian X Land)
于玛岛
Ymer Ø
艾拉岛
Ella Ø
图特图特·努纳特
Tuttut Nunaat
（里尔伦兰）
(Renland)
N
0
20
40
km

1：1 500 000

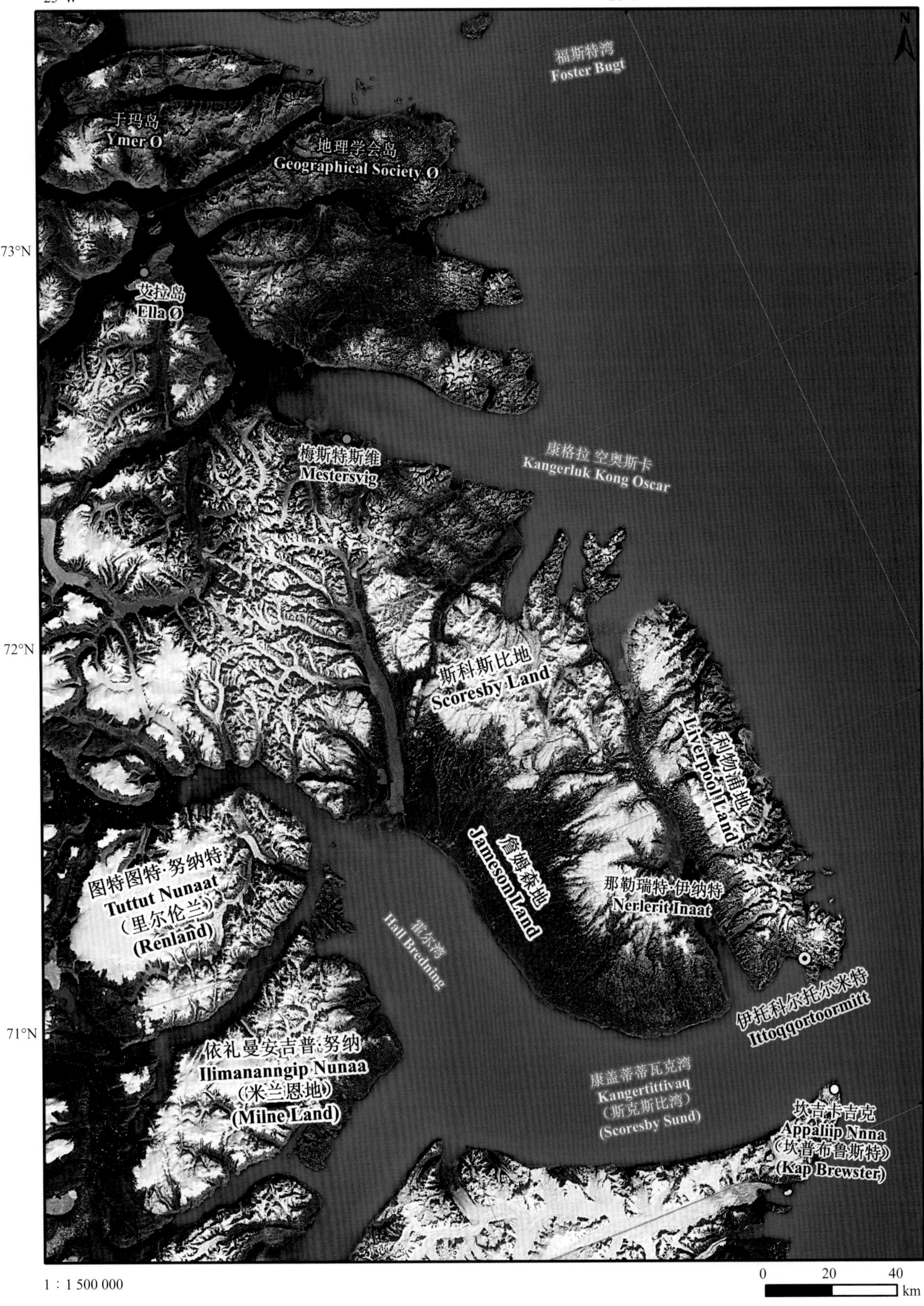
25°W
20°W
N
福斯特湾
Foster Bugt
于玛岛
Ymer Ø
地理学会岛
Geographical Society Ø
73°N
艾拉岛
Ella Ø
梅斯特斯维
Mestersvig
康格拉 空奥斯卡
Kangerluk Kong Oscar
72°N
斯科斯比地
Scoresby Land
利物浦地
Liverpool Land
詹姆森地
Jameson Land
那勒瑞特·伊纳特
Nerlerit Inaat
图特图特·努纳特
Tuttut Nunaat
（里尔伦兰）
(Renland)
霍尔湾
Hall Bredning
伊托科尔托尔米特
Ittoqqortoormitt
71°N
依礼曼安吉普·努纳
Ilimananngip Nunaa
（米兰恩地）
(Milne Land)
康盖蒂蒂瓦克湾
Kangertittivaq
（斯克斯比湾）
(Scoresby Sund)
坎吉卡吉克
Appaliip Nnna
（坎普布鲁斯特）
(Kap Brewster)
1：1 500 000
0
20
40
km

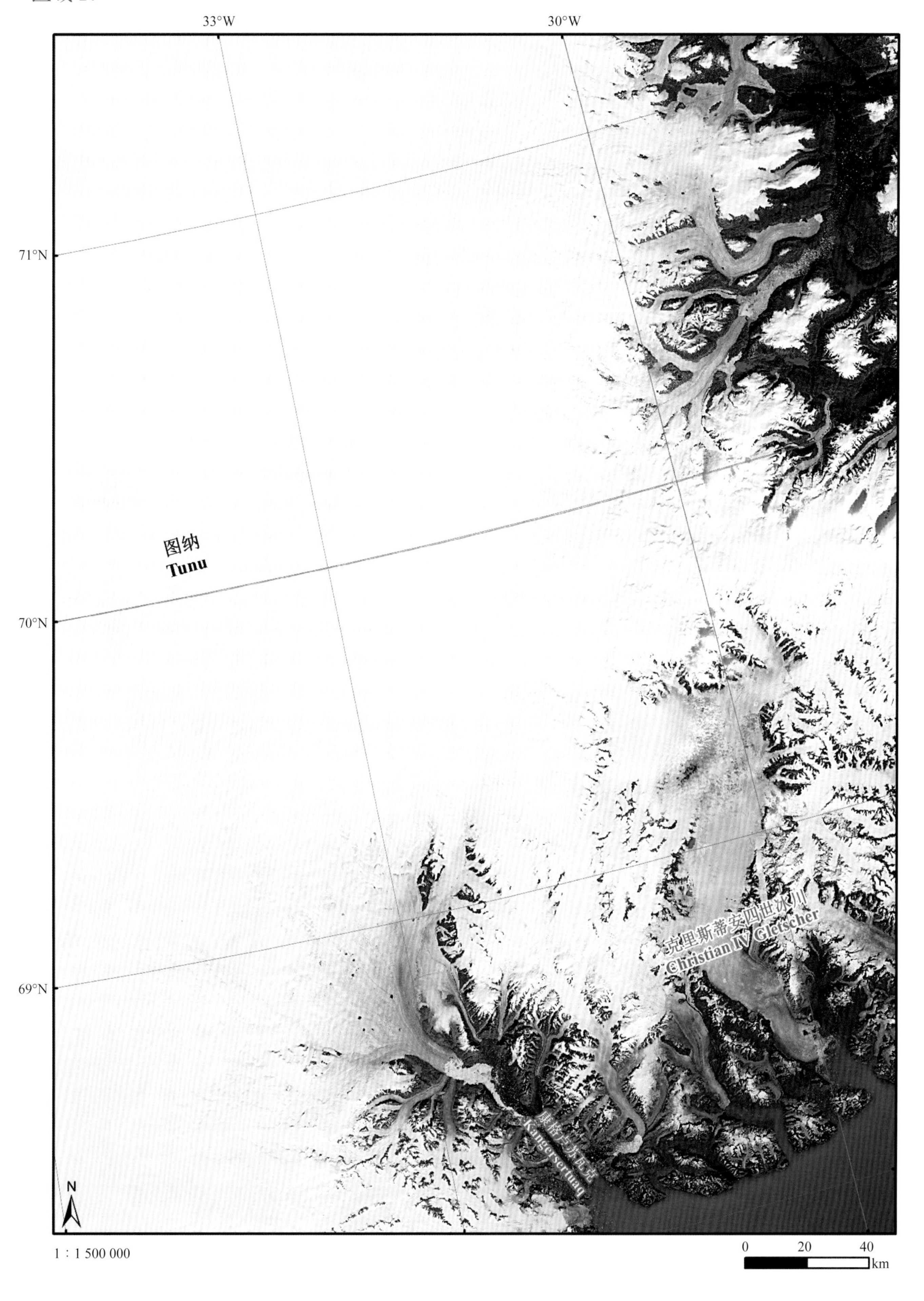
33°W
30°W
71°N
70°N
69°N
图纳
Tunu
克里斯蒂安四世冰川
Christian IV Gletscher
康格卢苏瓦克
Kangersertuaq
N
1 : 1 500 000
0
20
40
km

27°W
24°W

依礼曼安吉普·努纳
Ilimananngip Nunaa
（米兰恩地）
(Milne Land)

康盖蒂蒂瓦克湾
Kangertittivaq
（斯克斯比湾）
(Scoresby Sund)

坎吉卡吉克
Appaliip Nnna
（坎普布鲁斯特）
(Kap Brewster)

70°N

西纳里克·布勒塞维尔
Blosseville Kyst

68°N

N

1：1 500 000

0 20 40 km

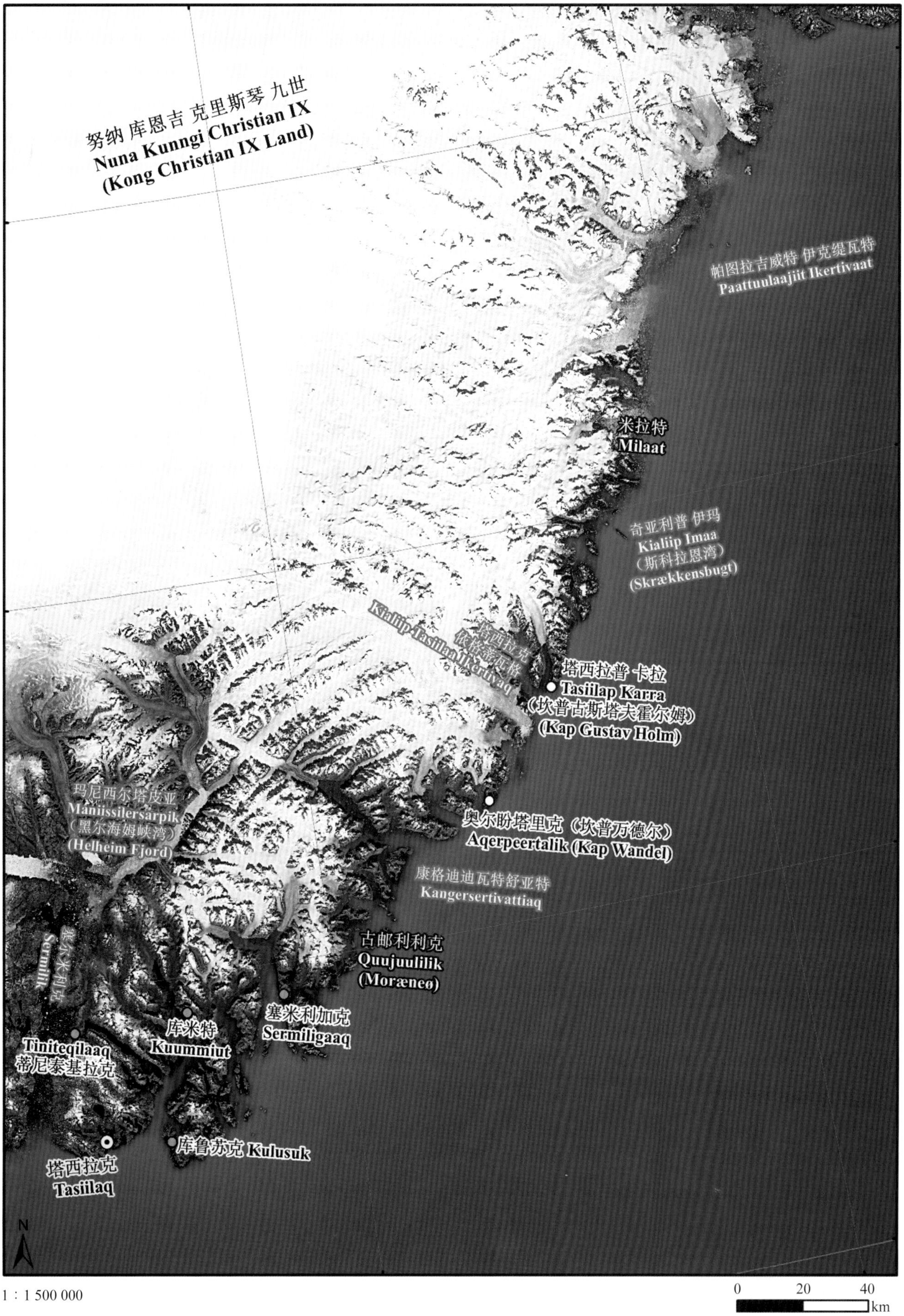

36°W
33°W
68°N
67°N
66°N

努纳 库恩吉 克里斯琴 九世
Nuna Kunngi Christian IX
(Kong Christian IX Land)

帕图拉吉威特 伊克缇瓦特
Paattuulaajiit Ikertivaat

米拉特
Milaat

奇亚利普 伊玛
Kialiip Imaa
（斯科拉恩湾）
(Skrækkensbugt)

塔西拉克
依依帝克蒂格
Kialiip Tasilaa Ikertivaq

塔西拉普 卡拉
Tasiilap Karra
（坎普古斯塔夫霍尔姆）
(Kap Gustav Holm)

玛尼西尔塔皮亚
Maniissilersarpik
（黑尔海姆峡湾）
(Helheim Fjord)

奥尔盼塔里克（坎普万德尔）
Aqerpeertalik (Kap Wandel)

康格迪迪瓦特舒亚特
Kangersertivattiaq

古邮利利克
Quujuulilik
(Moræneø)

塞尔米利克
Sermilik

塞米利加克
Sermiligaaq

库米特
Kuummiut

Tiniteqilaaq
蒂尼泰基拉克

库鲁苏克 Kulusuk

塔西拉克
Tasiilaq

N

1：1 500 000

0 20 40 km

区域 20

42°W
39°W
66°N
65°N
黑尔海姆冰川
Helheimgletsjer
塞尔米利克
Sermilik
Tiniteqilaaq
蒂尼泰基拉克
塔西拉克
Tasiilaq
依克缇瓦克
Ikertivaq
伊索尔托克 Isortoq
伊凯克
Ikeq
（克厄海湾）
(Kge Bugt)
米维普 吉姆特 康格拉（坎普保罗狮鹰）
Pigiittip Kimmut Kangia (Kap Poul Løvenørn)
帕托卡尔迪卡吉克（盖贝尔岛）
Putoqartigajik (Gabel Ø)
米维普 康格拉蒂瓦（金狮峡湾）
Umiiviip Kangertiva (Gyldenløve Fjord)
N
1：1 500 000
0 20 40
km

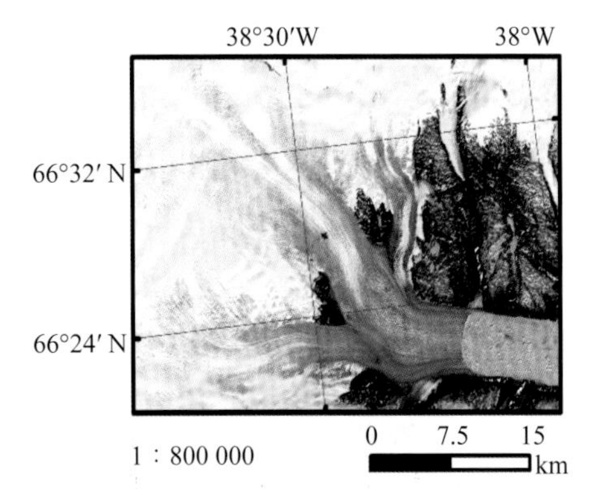

黑尔海姆冰川（Helheimgletsjer），位于格陵兰岛东海岸塔西拉克市附近，是近年来格陵兰岛消退最剧烈的冰川之一。仅在 2001—2005 年，黑尔海姆冰川前缘的退缩就达到了 7.24 km、冰流速可达 20 ～ 30 m/d，同时冰川厚度下降了约 40 m。

2018 年 6 月 22 日晚 11：30 左右，黑尔海姆冰川又一次发生了大规模冰川崩解现象。由该冰川崩解得到的冰山长约 6.5 km，可见当前全球变暖影响之大。

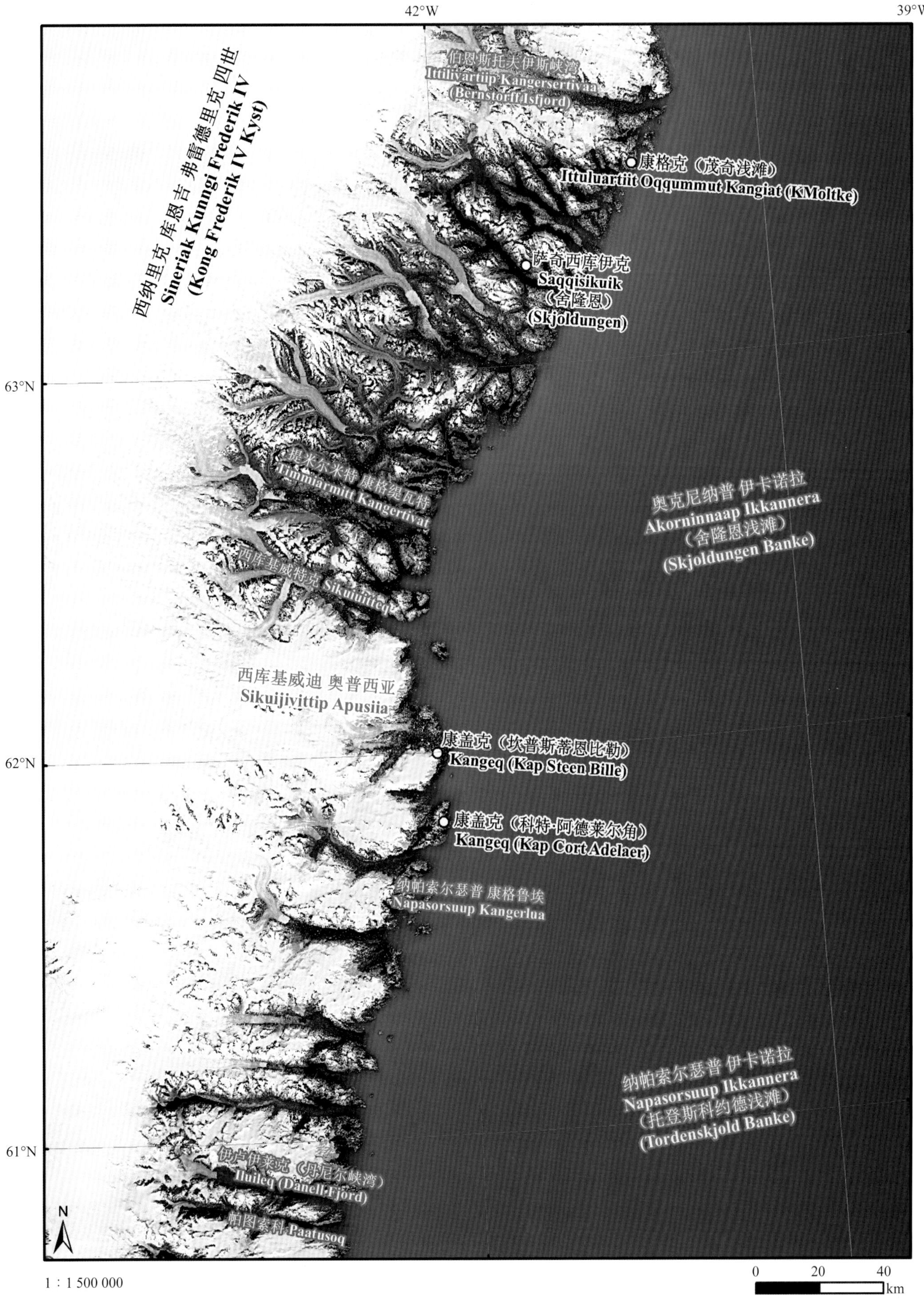

42°W
39°W
63°N
62°N
61°N
伯恩斯托夫伊斯峡湾
Ittiliyartiip Kangersertiyaa
(Bernstorff Isfjord)
西纳里克 库恩吉 弗雷德里克 四世
Sineriak Kunngi Frederik IV
(Kong Frederik IV Kyst)
康格克（茂奇浅滩）
Ittuluartiit Oqqummut Kangiat (KMoltke)
萨奇西库伊克
Saqqisikuik
（舍隆恩）
(Skjoldungen)
提米尔米特 康格提瓦特
Timmiarmiitt Kangertivat
奥克尼纳普 伊卡诺拉
Akorninnaap Ikkannera
（舍隆恩浅滩）
(Skjoldungen Banke)
西库基威特克 Sikuijuitteq
西库基威迪 奥普西亚
Sikuijivittip Apusiia
康盖克（坎普斯蒂恩比勒）
Kangeq (Kap Steen Bille)
康盖克（科特·阿德莱尔角）
Kangeq (Kap Cort Adelaer)
纳帕索尔瑟普 康格鲁埃
Napasorsuup Kangerlua
纳帕索尔瑟普 伊卡诺拉
Napasorsuup Ikkannera
（托登斯科约德浅滩）
(Tordenskjold Banke)
伊卢伊莱克（丹尼尔峡湾）
Iluileq (Danell Fjord)
帕图索科 Paatusoq
N
1∶1 500 000
0
20
40
km

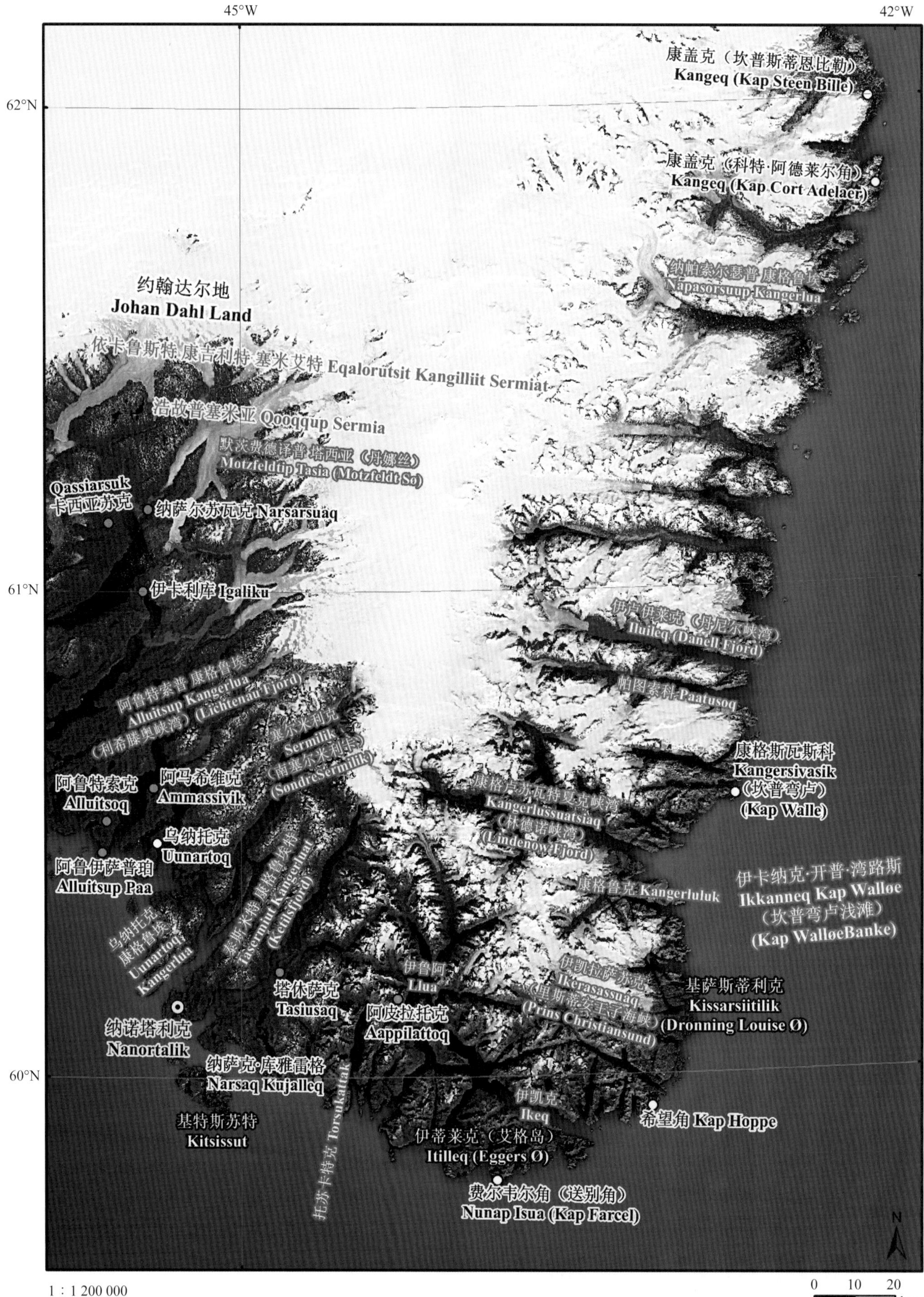

45°W
42°W
62°N
61°N
60°N
康盖克（坎普斯蒂恩比勒）
Kangeq (Kap Steen Bille)
康盖克（科特·阿德莱尔角）
Kangeq (Kap Cort Adelaer)
纳帕索尔瑟普·康格鲁埃
Napasorsuup Kangerlua
约翰达尔地
Johan Dahl Land
依卡鲁斯特·康吉利特·塞米艾特 Eqalorutsit Kangilliit Sermiat
浩故普塞米亚 Qooqqup Sermia
默茨费德泽普·塔西亚（丹娜丝）
Motzfeldtip Tasia (Motzfeldt Sø)
Qassiarsuk
卡西亚苏克
纳萨尔苏瓦克 Narsarsuaq
伊卡利库 Igaliku
伊卢伊莱克（丹尼尔峡湾）
Ilulleq (Danell Fjord)
帕图索科 Paatusoq
阿鲁特索普·康格鲁埃
Alluitsup Kangerlua
（利希滕奥峡湾）(Lichtenau Fjord)
塞尔米利克
Sermilik
（南塞尔米利克）
(SøndreSermilik)
康格斯瓦斯科
Kangersivasik
（坎普弯卢）
(Kap Walle)
阿鲁特索克
Alluitsoq
阿马希维克
Ammassivik
康格卢苏瓦特夏克峡湾
Kangerlussuatsiaq
（林德诺峡湾）
(Lindenow Fjord)
乌纳托克
Uunartoq
阿鲁伊萨普珀
Alluitsup Paa
康格鲁克 Kangerluluk
伊卡纳克·开普·湾路斯
Ikkanneq Kap Walløe
（坎普弯卢浅滩）
(Kap WalløeBanke)
乌纳托克
康格鲁埃
Uunartoq
Kangerlua
泰斯米特·康格鲁埃特
Tasermiut Kangerluat
(Ketilsfjord)
伊凯拉萨苏克
Ikerasassuaq
（里斯蒂安王子海峡）
(Prins Christiansund)
伊鲁阿
Llua
塔休萨克
Tasiusaq
基萨斯蒂利克
Kissarsiitilik
(Dronning Louise Ø)
阿皮拉托克
Aappilattoq
纳诺塔利克
Nanortalik
纳萨克·库雅雷格
Narsaq Kujalleq
托苏卡特克 Torsukattak
伊凯克
Ikeq
希望角 Kap Hoppe
基特斯苏特
Kitsissut
伊蒂莱克（艾格岛）
Itilleq (Eggers Ø)
费尔韦尔角（送别角）
Nunap Isua (Kap Farcel)
N
1：1 200 000
0 10 20
km

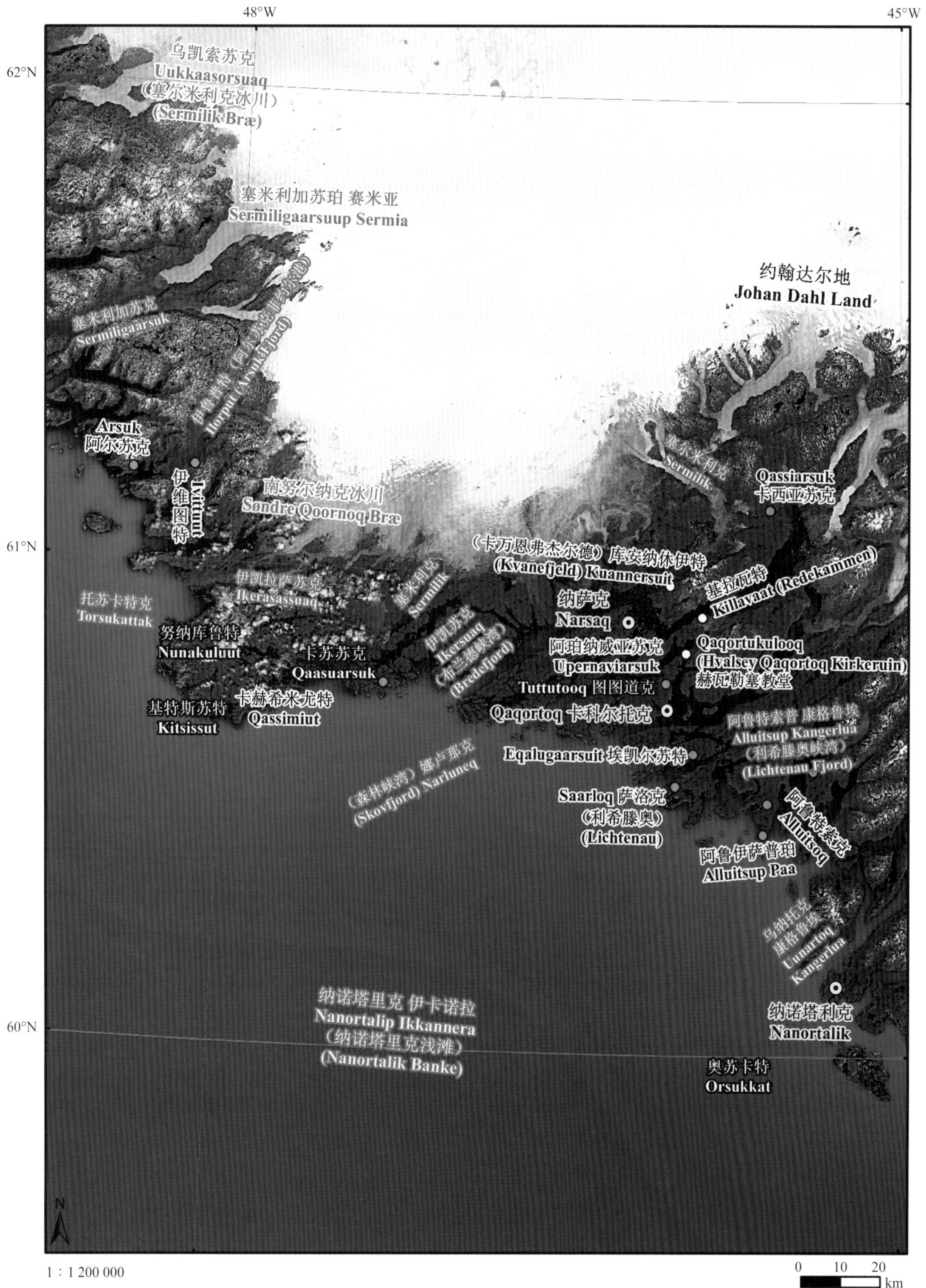
48°W
45°W
62°N
61°N
60°N
乌凯索苏克
Ukkaasorsuaq
（塞尔米利克冰川）
(Sermilik Bræ)
塞米利加苏珀 赛米亚
Sermiligaarsuup Sermia
约翰达尔地
Johan Dahl Land
塞米利加苏克
Sermiligaarsuk
伊鲁普特（阿尔苏克峡湾）
Ilorput (Arsuk Fjord)
Arsuk
阿尔苏克
伊维图特
Ivittuut
南努尔纳克冰川
Søndre Qoornoq Bræ
塞尔米利克
Sermilik
Qassiarsuk
卡西亚苏克
（卡万恩弗杰尔德）库安纳休伊特
(Kvanefjeld) Kuannersuit
基拉瓦特
Killavaat (Redekammen)
托苏卡特克
Torsukattak
伊凯拉萨苏克
Ikerasassuaq
塞米利克
Sermilik
纳萨克
Narsaq
努纳库鲁特
Nunakuluut
伊凯苏克
Ikersuaq
（布兰德峡湾）
(Bredefjord)
阿珀纳威亚苏克
Upernaviarsuk
Qaqortukulooq
(Hvalsey Qaqortoq Kirkeruin)
赫瓦勒塞教堂
卡苏苏克
Qaasuarsuk
Tuttutooq 图图道克
基特斯苏特
Kitsissut
卡赫希米尤特
Qassimiut
Qaqortoq 卡科尔托克
阿鲁特索普 康格鲁埃
Alluitsup Kangerlua
（利希滕奥峡湾）
(Lichtenau Fjord)
Eqalugaarsuit 埃凯尔苏特
（森林峡湾）娜卢那克
(Skovfjord) Narluneq
Saarloq 萨洛克
（利希滕奥）
(Lichtenau)
阿鲁特索克
Alluitsoq
阿鲁伊萨普珀
Alluitsup Paa
乌纳托克
康格鲁埃
Uunartoq
Kangerlua
纳诺塔里克 伊卡诺拉
Nanortalip Ikkannera
（纳诺塔里克浅滩）
(Nanortalik Banke)
纳诺塔利克
Nanortalik
奥苏卡特
Orsukkat
N
1：1 200 000
0 10 20
km

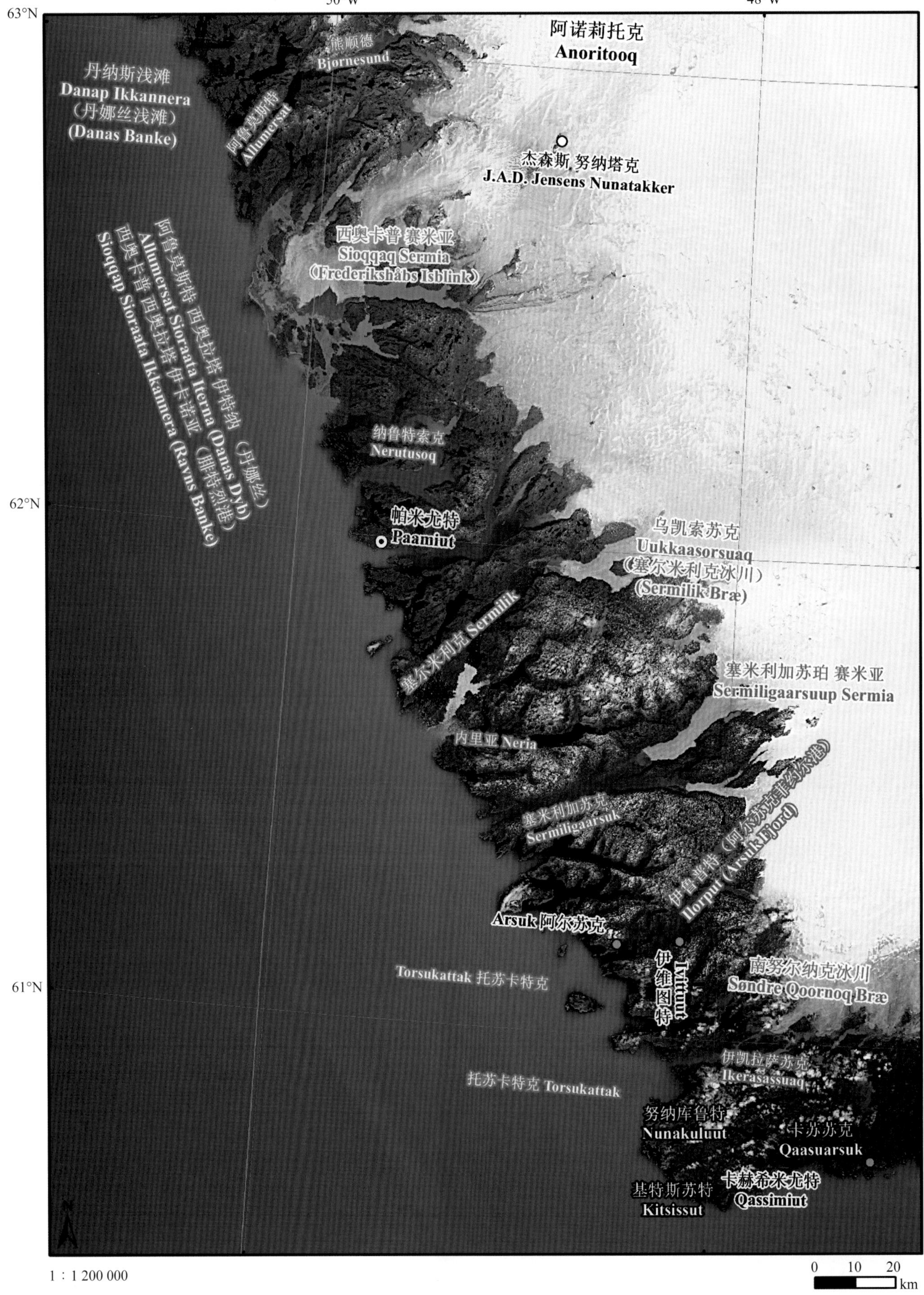
50°W
48°W
63°N
62°N
61°N
阿诺莉托克
Anoritooq
熊顺德
Bjørnesund
丹纳斯浅滩
Danap Ikkannera
（丹娜丝浅滩）
(Danas Banke)
Allumersat
杰森斯 努纳塔克
J.A.D. Jensens Nunatakker
西奥卡普 赛米亚
Sioqqaq Sermia
（Frederikshåbs Isblink）
纳鲁特索克
Nerutusoq
帕米尤特
Paamiut
乌凯索苏克
Uukkaasorsuaq
（塞尔米利克冰川）
(Sermilik Bræ)
塞尔米利克 Sermilik
塞米利加苏珀 赛米亚
Sermiligaarsuup Sermia
内里亚 Neria
塞米利加苏克
Sermiligaarsuk
Arsuk 阿尔苏克
伊维图特
Ivittuut
Torsukattak 托苏卡特克
南努尔纳克冰川
Søndre Qoornoq Bræ
伊凯拉萨苏克
Ikerasassuaq
托苏卡特克 Torsukattak
努纳库鲁特
Nunakuluut
卡苏苏克
Qaasuarsuk
基特斯苏特
Kitsissut
卡赫希米尤特
Qassimiut
1：1 200 000
0 10 20
km

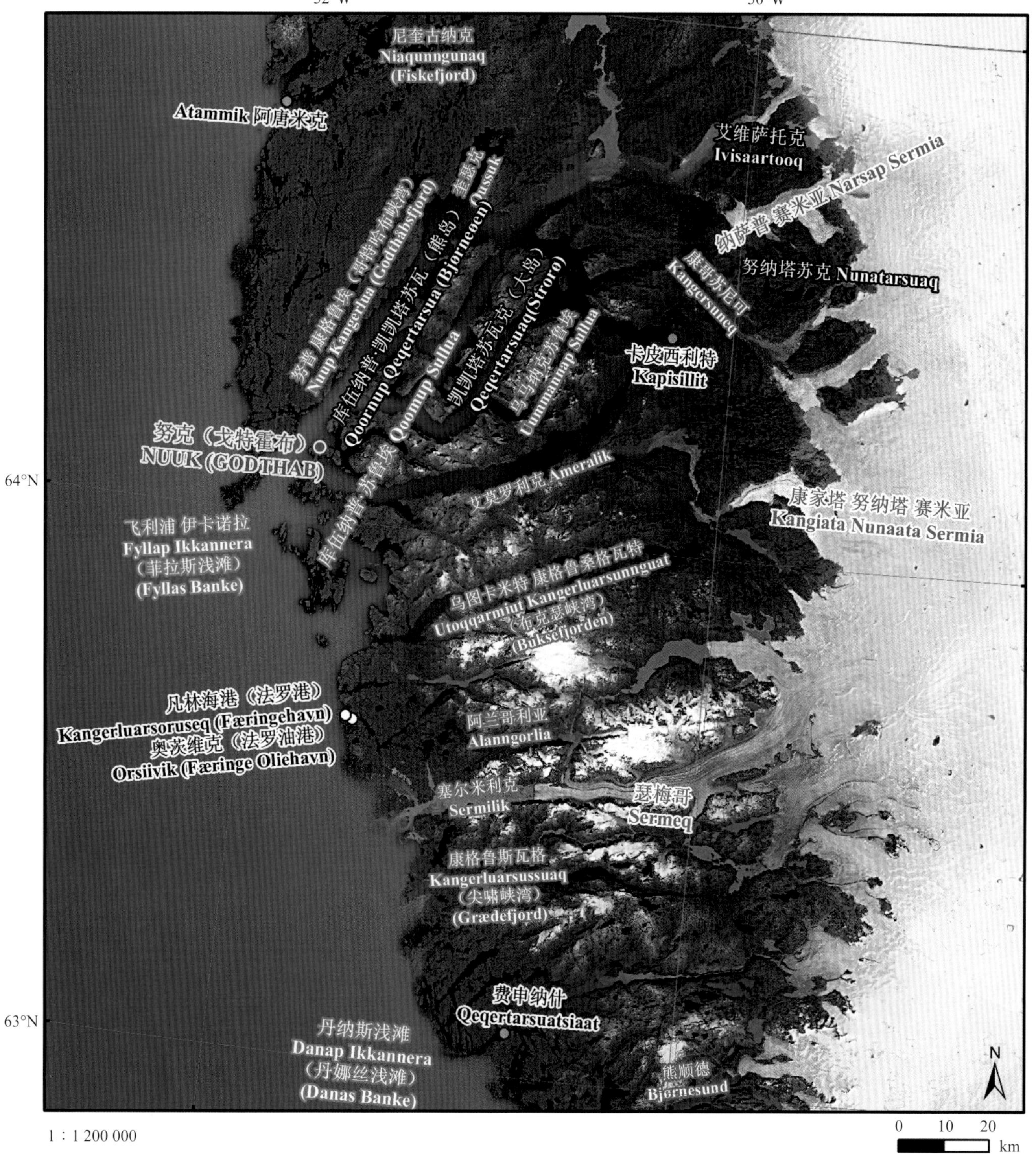

努克（Nuuk，意为海岬），又名戈特霍布，是格陵兰岛的首府，也是格陵兰岛上最大的港口城市和地方行政区政府的所在地。努克位于格陵兰西岸戈特霍布海峡口，属于寒带苔原气候，受西格陵兰暖流影响，努克市附近海域冬季不结冰，因而适宜发展渔业。

努克沿海岸无冰地区均有道路分布，可驾驶汽车前往通达各地，但是内陆地区的交通方式主要依靠雪橇。此外，加拿大、丹麦和冰岛等国有定期航班或客货轮前往努克。

格陵兰是全球自杀率最高的地区，为了增加城市活力并且减少抑郁症与自杀事件的发生，努克市目前正在积极推广 Colorful Nuuk 的理念，无论是商品、交通工具甚至住宅都呈现为彩虹色以此来舒缓当地居民的心情。

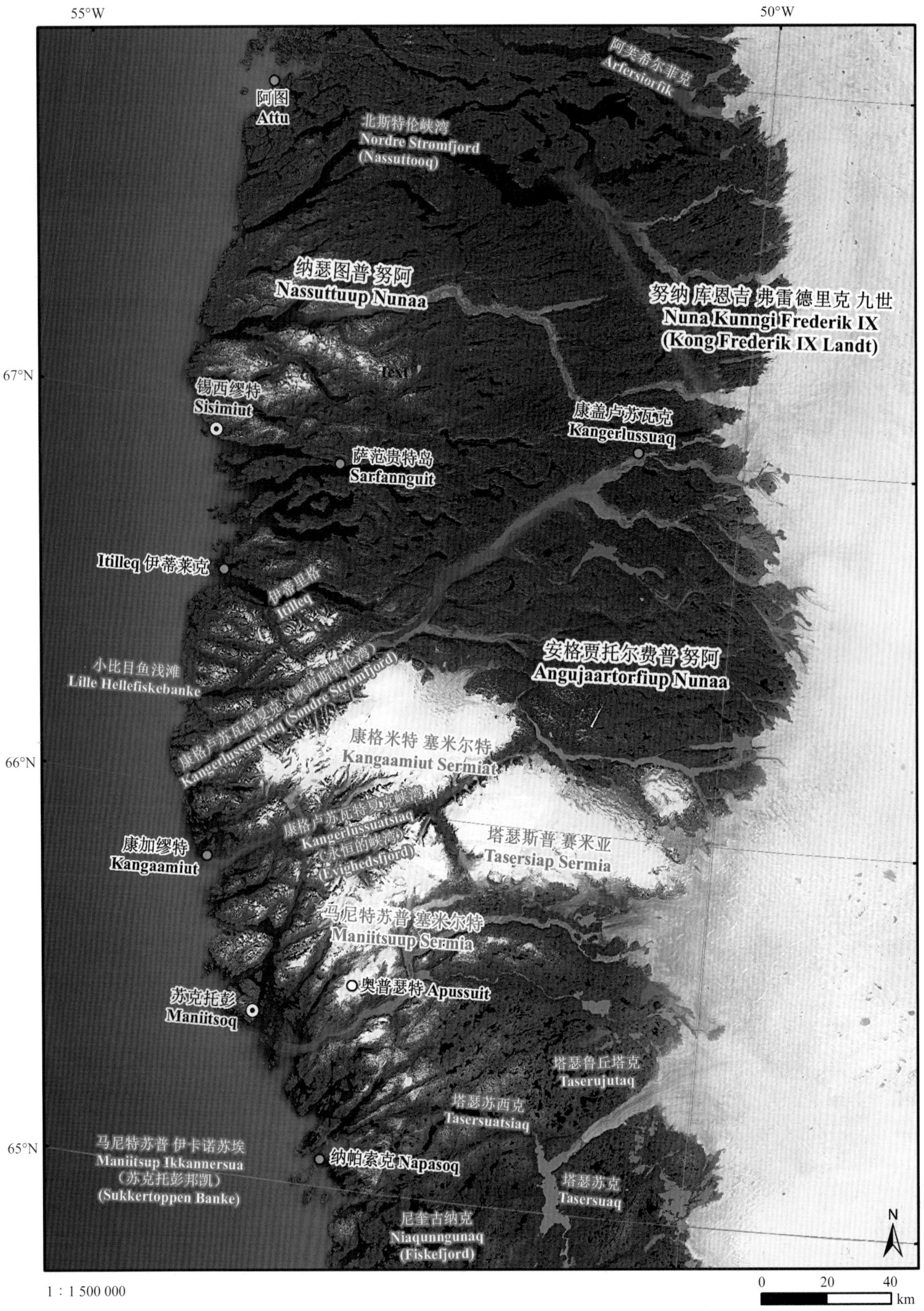

55°W
50°W
67°N
66°N
65°N
阿芙希尔菲克
Arfersiorfik
阿图
Attu
北斯特伦峡湾
Nordre Strømfjord
(Nassuttooq)
纳瑟图普 努阿
Nassuttuup Nunaa
努纳 库恩吉 弗雷德里克 九世
Nuna Kunngi Frederik IX
(Kong Frederik IX Landt)
Text
锡西缪特
Sisimiut
康盖卢苏瓦克
Kangerlussuaq
萨范贵特岛
Sarfannguit
Itilleq 伊蒂莱克
伊蒂里格
Itilleq
小比目鱼浅滩
Lille Hellefiskebanke
康格卢苏瓦特夏克（峡南斯特伦湾）
Kangerlussuatsiaq (Søndre Strømfjord)
安格贾托尔费普 努阿
Angujaartorfiup Nunaa
康格米特 塞米尔特
Kangaamiut Sermiat
康加缪特
Kangaamiut
康格卢苏瓦特夏克峡湾
Kangerlussuatsiaq
（永恒的峡湾）
(Evighedsfjord)
塔瑟斯普 赛米亚
Tasersiap Sermia
马尼特苏普 塞米尔特
Maniitsuup Sermia
奥普瑟特 Apussuit
苏克托彭
Maniitsoq
塔瑟鲁丘塔克
Taserujutaq
塔瑟苏西克
Tasersuatsiaq
马尼特苏普 伊卡诺苏埃
Maniitsup Ikkannersua
（苏克托彭邦凯）
(Sukkertoppen Banke)
纳帕索克 Napasoq
塔瑟苏克
Tasersuaq
尼奎古纳克
Niaqunngunaq
(Fiskefjord)
N
0 20 40
km

1：1 500 000